哈佛学生必须具备的

15种优秀品质

博 文 编著

光明日报出版社

图书在版编目（CIP）数据

哈佛学生必须具备的 15 种优秀品质 / 博文编著 . —— 北京：光明日报出版社，
2011.6（2025.1 重印）

ISBN 978-7-5112-1107-1

Ⅰ.①哈… Ⅱ.①博… Ⅲ.①人生哲学—青年读物②人生哲学—少年读物

Ⅳ.① B821-49

中国国家版本馆 CIP 数据核字 (2011) 第 066124 号

哈佛学生必须具备的 15 种优秀品质

HAFO XUESHENG BIXU JUBEI DE 15 ZHONG YOUXIU PINZHI

编　著：博　文

责任编辑：温　梦　　　　　　　　　　责任校对：米　菲
封面设计：玥婷设计　　　　　　　　　封面印制：曹　净

出版发行：光明日报出版社

地　　址：北京市西城区永安路 106 号，100050

电　　话：010-63169890（咨询），010-63131930（邮购）

传　　真：010-63131930

网　　址：http://book.gmw.cn

E - mail：gmrbcbs@gmw.cn

法律顾问：北京市兰台律师事务所龚柳方律师

印　　刷：三河市嵩川印刷有限公司

装　　订：三河市嵩川印刷有限公司

本书如有破损、缺页、装订错误，请与本社联系调换，电话：010-63131930

开　　本：170mm×240mm

字　　数：192 千字　　　　　　　　　印　　张：15

版　　次：2011 年 6 月第 1 版　　　　　印　　次：2025 年 1 月第 4 次印刷

书　　号：ISBN 978-7-5112-1107-1

定　　价：49.80 元

前　言

PREFACE

　　"先有哈佛，后有美国。"哈佛大学被誉为高等学府王冠上的宝石，是世界各国学子神往的学术圣殿。哈佛大学的巨大成就，不仅在于它高超专业的学术水平，更重要的是它积累的一系列深刻而珍贵的成功智慧。正是这些成功智慧，使得哈佛大学在过去的300多年间先后培育出7位美国总统、40位诺贝尔奖获得者以及数以百计的世界级财富精英，为商界、政界、学术界及科学界贡献了无数成功人士和时代巨子。

　　"没有伟大的品质，就没有伟大的人，甚至也没有伟大的艺术家、伟大的行动者。"品质是人的立身之本，是通向成功的第一阶梯，一个人的品质和修养决定了他成就的大小。成长中的青少年要想在未来取得杰出成就，必先锤炼出优秀的品质。在成长的道路上，青少年需要以优秀的品质来启迪自己的智慧，激发自己的力量，升华做人的境界。只有具备了优秀的品质，才能够实现自己人生的价值，创造出卓越和精彩的人生。

1

　　"赠人以物，予人以钱，不如送人以言。"本书浓缩了哈佛大学 300 年来积累的人生智慧的精华，结合古今中外大量成功者的言行、思想，系统总结了哈佛大学教给学生应具备的 15 种优秀品质，以帮助广大青少年从众多榜样的人生经历中感悟这些品质对整个人生的重要性，从而自觉锤炼自我。创新的体例、精美的插图和生动的文字有机结合，共同打造出一个轻松愉悦的阅读空间。对于青少年来说，书中没有冗长的说教，只有无穷无尽的榜样力量；没有累赘的语言，只有深刻的人生哲理和感言。

　　优秀的品质是人生的桂冠和荣耀，它是一个人最高贵的财产，是人性的最好表现形式，是一个人地位和身份的象征。青少年正处在人格成长的关键时期，只有塑造优秀的品质，未来的道路才会更宽广、更远大。

目 录
CONTENTS

 自信
——成功的人生始于自信

　　自信是成功的第一秘诀，是一个人取得成功的内在驱动力。只有自信的人才能够在成功的路上步履如飞，而缺乏自信的人则一定是步履蹒跚。对于青少年来说，在内心树立起自信，用信念激发出自己内在的勇气和雄心，是迈向成功人生的第一步。

每个人心头都隐伏着一头雄狮 1
信念是所有奇迹的萌发点 4
自信多一分，成功多十分 7
勇于挑战自己的缺憾 10
不要被他人评价的左右 13
找到属于自己的音符 16
树立自信，走出自卑的泥潭 19

自立
——自立自主方可驾驭人生

　　自立是生存的开始，是成功的保证。青少年应当学会在社会中自立，不能太依赖别人的帮助。依靠别人的帮助只能满足一时之需，要想在社会中生存下去，就得依靠自己的力量。青少年要想在未来的社会竞争中取胜，就应当及早培养自立自主的意识，做到自立自强。扔掉依赖的拐杖，发现自己的那一天，就是你人生成功的开始。

自立是生存的开始 23

自助者天助 28

自食其力才能赢得尊严 32

学会自己拿主意 35

乐观
——积极的心态改变你的世界

　　积极的心态可让你获得成功的人生。决定一个人成功的因素不仅仅是能力，更重要的是能否始终乐观地看待自己周围的事物，身处逆境时能否依然积极乐观地寻找改变逆境的方法。每个人都是自己心灵的主宰，也是自己人生的主宰，面对人生的磨难和挫折，应当时刻保持积极进取的精神，在乐观中汲取继续走向成功的力量。

变更心境就能够变更生活 39

在心灵播下快乐的种子 44

每天送给自己一个希望 47

对自己说"不要紧" 51

坚韧

——在充满荆棘的道路上奋进

挫败是成长的阶梯，困境是人生的另一所大学。一个生前没有经历过困难的人，其生命是不完整的。一个人的成长，就是经历一连串的磨难和考验的过程，迎接并克服磨难，才能拥有足够的力量和智慧。青少年要成为未来社会的强者，就应当在生活中磨炼自己坚韧的意志力，把不幸和困难当成自己人生最好的教材。

挫折是大自然的计划 55
在困难面前你需要重新站起来 58
用行动反击失败 62
用笑脸迎接挫折 66
为成功付出耐心 69
坚持到底，永不放弃 74
磨炼坚韧的意志力 78

勇敢

——战胜自己，才能战胜别人

成功者与失败者之间的分水岭，有时并不存在天地之间的差距，而在于一点小小的勇气。如果你内心充满勇气，那么没有什么东西可以阻碍你走向成功。青少年在成长的过程中要勇于尝试，敢于挑战自己，勇敢地面对生活中的变化，只有积极勇敢地去拥抱和适应生活中的变化，才能够在变化中成长。

推开虚掩的成功之门 81
勇于冒险，没有尝试就没有成功 85

挑战生命中的"不可能" ⋯⋯⋯⋯⋯⋯ 88
在行动中忘掉恐惧 ⋯⋯⋯⋯⋯⋯⋯⋯ 92
勇气的一半是智慧 ⋯⋯⋯⋯⋯⋯⋯⋯ 96

6 进取
——做自己命运的开拓者

进取心是一个人向上的动力，只有不断进取，生命的价值才能够不断地升华。进取心代表了一个人的发展方向和所能达到的人生高度。人一旦养成一种不断自我激励、始终向着更高目标前进的习惯，进取心就会成为一种强大的自我激励力量，使人生变得更加崇高。

害怕前进只能停留在原地 ⋯⋯⋯⋯⋯ 99
欲望是开拓命运的力量 ⋯⋯⋯⋯⋯⋯ 104
每天都是一个新起点 ⋯⋯⋯⋯⋯⋯⋯ 107
超越自我，和自己比赛 ⋯⋯⋯⋯⋯⋯ 110

7 勤奋
——攀登成功的阶梯

勤奋是对成功的最好注解，也是通往成功的必由之路。勤奋是成功的秘诀，懒惰是成功的大敌。青少年要有所成就，就必须克服懒惰。一勤天下无难事，在年轻时养成勤勉努力的习惯，那么这种习惯就会成为你终身受用的法宝，它会伴随着你克服困难，取得人生的成功。⋯⋯⋯⋯

成功属于有刻苦精神的人 ⋯⋯⋯⋯⋯ 113
勤奋是克服"先天不足"的良药 ⋯⋯⋯⋯ 116
美好的生活要靠勤劳获取 ⋯⋯⋯⋯⋯ 120

享受劳动的快乐 124

每天多做一点点 126

注重行动
——在行动中实现梦想

  成功在于计划，更在于行动。再美好的梦想，没有行动，就会变成空想；再完美的计划，如果缺乏行动，就会变成空谈。只有计划才能让心中的蓝图变成现实。青少年朋友要实现自己的理想，就应当注重行动，在行动中去实现自己的梦想。

只有行动才能让计划变成现实 129

不要只生活在梦想里 132

用目标激励行动 135

做好行动前的准备 138

拒绝拖延，今日事今日毕 141

负责
——责任感伴你走向成熟

  责任心是一个人成长的动力，对家人、对朋友、对国家的责任都可以成为我们奋斗的动力。同时，承担责任也是一个人走向成熟的标志。当一个人的责任心在心底萌发时，就是走向成熟的开始。青少年作为未来社会的主人翁，应当学会自觉地为祖国、为社会、为家人担负起自己责任的意识，在承担责任的过程中不断地成长，走向成熟。

责任是一个人成长的动力 145

责任伴你走向成熟 148

责任传递责任 150

责任让你更加勇敢 153

学会对自己的行为负责 155

尝试着自己作决定 158

勇于负责，不要推卸责任 161

对小事负责才能担当大任 162

10 自制
——管理好自己才能管理别人

有自制力不仅仅是人的一种美德，而且，在一个人成就事业的过程中，自制力也是一项决定成败的关键因素。自制对于青少年的成长和进步来说，有着十分重要的意义和作用。只有自制的人才能拥有真正的美德。控制自己能够让一个人变得更强大。青少年要想成为能够主宰自己命运的强者，就必须学会克制自己，管理自己。..........

控制自己让你更强大 165

不要成为情绪的奴隶 168

冷静沉着，遇事应付自如 171

培养坚强的自制力 173

11 宽容
——营造心灵的和谐

宽容和忍让能够换来最甜蜜的结果。生活中，冲突和争执在所难免，青少年要学会用和平的方式处理冲突和争执。错误在所难免，宽容就是神圣。一个人经历过一次忍让，就会多一分宽容的心胸。多一分宽容，就会多一个朋友，少一个敌人。

宽厚容人，不过于苛求别人 ……………… 175
用和平的方式处理冲突和愤怒 ………… 179
不为小事争执 ………………………… 182
用宽容化解仇恨 ……………………… 184

12 尊重他人
——尊重他人就是尊重自己

一个人只有懂得尊重别人，才能够赢得别人的尊重。在这个社会中，人与人之间是应当互相尊重的，每个人只有懂得相互尊重、相互关心，才能够愉快地生活在一起。作为未来社会的建设者，青少年应当恪守礼仪，养成尊重别人的习惯，只有这样才能构建一个和谐的社会氛围，为未来社会的发展贡献出更大的力量。

敬人者，人恒敬之 …………………… 187
让别人感觉到自己重要 ……………… 192
尊重他人的人格 ……………………… 194

13 乐于合作
——在合作中发展自己

一个人无论多么优秀，如果离开了别人的配合，就无法把自己的事情做好，也无法在未来的社会中立足。我们的社会是由各怀特长的人共同组成的，每个人都有自己的优点，都是不可取代的，只有相互合作，取长补短，才能够共同取得成功。

合作才能共赢 …………………………… 197

信任是合作的基石 200

学会欣赏对方 202

分享

——懂得分享才能创造共赢

分享可以让快乐加倍，忧伤减半。一个人只有懂得分享，才能够从生活中获得更多。一个人只有懂得分享，才能够真正地拥有幸福和快乐。自私和狭隘只能让一个人步入生命的低谷，如果一味地让自私和狭隘封闭自己，而不主动去和别人交往和分享，那么永远也不会品尝到人生快乐的滋味。..................

开放的花园最美丽 205

给予是快乐的源泉 209

分享促人成长 212

崇尚运动

——运动是生命的节奏

运动是生命的节奏，也是促使我们成功的一份必不可少的力量。运动的好处除了能够强身健体以外，同时还能够培养我们不断拼搏进取和挑战自我的勇气。只有一个热爱运动、崇尚体育精神的人才能够不断拼搏进取，为自己的青春留下精彩、富有意义的一笔，让自己的人生而变得更加绚丽。

挑战生命的极限 215

拼搏是成功的前奏 218

养成热爱运动的好习惯 222

自信

——成功的人生始于自信

 哈佛告诉你

　　自信是成功的第一秘诀，是一个人取得成功的内在驱动力。只有自信的人才能够在成功的路上步履如飞，而缺乏自信的人则一定是步履蹒跚。对于青少年来说，在内心树立起自信，用信念激发出自己内在的勇气和雄心，是迈向成功人生的第一步。

每个人心头都隐伏着一头雄狮

　　信心使一个人得以征服他相信可以征服的东西。

——萧伯纳

　　土耳其谚语说：每个人的心中都隐伏着一头雄狮。中国古语说：人皆可以为舜尧。这些鼓舞人心的话道出了这样一个真理：每个人都可以成功。只要我们相信自己的力量，充分发挥自身的潜能，每个人都可以大有作为。

自信心是一个人取得成功的内在驱动力。它能够使弱者变强，强者更健。只有自信的人才有可能在成功的路上健步如飞，而缺乏自信的人则一定是步履蹒跚者。美国作家爱默生说得好："自信是成功的第一秘诀，自信是英雄主义的本质。"对于青少年来讲，在内心树立起自信，用自信激发出自己内在的勇气和雄心，是他们迈向成功人生的第一步。

20 世纪 30 年代，在英国一座普通的小城里，有一个叫玛格丽特的姑娘，从小就在父亲严格的管教下成长。父亲经常向她灌输这样的观点：无论做什么事情都要力争一流，永远走在别人前头，而不能落后于人。"即使是坐公共汽车，你也要永远坐在前排。"父亲从来不允许她说"我不能"或者"太难了"之类的话。

父亲这种近乎残酷的教育理念，培养出了玛格丽特积极向上的决心和信心。在以后的学习、生活或工作中，她时时牢记父亲的教导，总是抱着一往无前的精神和必胜的信念，尽自己最大的努力克服一切困难，做好每一件事情，事事必争一流，以自己的行动实践着"永远坐在前排"的誓言。

玛格丽特上大学时，学校要求学 5 年的拉丁文课程，她凭着自己顽强的毅力和拼搏精神，仅在一年之内便修完了。令人难以置信的是，她的考试成绩竟然名列前茅。玛格丽特不光学业优秀，她在体育、音乐、演讲等方面也都出类拔萃。当年她所在学校的校长评价她说："她无疑是我们建校以来最优秀的学生，她总是雄心勃勃，每件事情做得很出色。"

正是在这种"永远都要坐在前排"精神的激发下，40 多年以后，玛格丽特成为英国乃至整个欧洲政坛上一颗耀眼的明星。她连续 4 年当选保守党领袖，并于 1979 年成为英国第一位女首相，她雄踞政坛长达 11 年之久，被世界政坛誉为"铁娘子"。

"永远都要坐在前排"是一种积极、自信的人生态度，它可以激发你积极进取的精神，促使你努力把梦想变成现实。

林肯总统说过，喷泉的高度不会超过它的源头，一个人的事业也是一样，他的成就不会超过自己的信念。如果你想像玛格丽特那样取得骄人的成就，就不能轻视自己的信心，以小人自甘。要在内心树立起自信，抛弃无所作为、甘居下游的想法，充满信心地去施展自己的才华。

⊙ "永远都要坐在前排"，这种积极、自信的人生态度，可以激发你积极进取的精神。

俄国著名的文学家高尔基说过："人最凶恶的敌人，就是意志的薄弱和信心的缺乏。"信心的缺乏会限制一个人的潜能，束缚一个人的发展。而树立自信的关键就在于我们内在的信心。

有一则寓言，说的是一个懦夫想摆脱自己软弱的个性，让自己变得勇敢起来，就报名参加了"杀兽"学校。这所学校专门培养人的能力和胆量，使人敢于拿起剑去杀死吞食少女的怪兽。校长是有名的魔术师莫里。莫里对懦夫说："你不必担心，我给你一支魔剑，此剑魔力无边，可以对付各种凶恶的怪兽。"培训中这位懦夫使用魔剑杀死了很多头模拟的怪兽。结业考试时，他将面对真的吞食少女的怪兽了。不料冲到山洞口，怪兽伸出头露出狰狞面目时，他抽出剑，却发现拿错了剑，魔剑丢在了学校，手中的剑只是平日玩时用的。这时后退已不可能，那样只会被怪兽吞食。他挥动那把普通的剑，居然杀死了怪兽。莫里校长会心地笑了，他说："我想你现在已经知道了没有一支剑是魔剑，唯一的魔术在于相信自己。"

这则寓言说明了这样一个道理：每个人都有创造奇迹的魔力，只要你相信自己，真正的魔剑就在你的内心。生活中，我们难免会有畏难和退缩的时候，在巨大的困难和压力之下，我们常常会背上沉重的心理包袱，甚至会因此而丧失自信，这个时候你就要勇敢地站出来，直面困难，相信自己的能力，这样，困难就不会成为你成功的障碍。

著名的成功学大师拿破仑·希尔说过："成功并不是少数人的专利，每个人的出生都是为了成为一个成功者。"只要你能够在自己的内心树立起自信，你就能和所有的伟人和成功者一样，拥有卓越的人生。

信念是所有奇迹的萌发点

> 要有自信，然后全力以赴——假如有这种信念，任何事情十有八九都能成功。
>
> ——威尔逊

美国纽约州第一位黑人州长罗尔斯从小并不怎么受老师欢迎，他跟那里很多孩子一样有着诸多不良习惯：总是口出秽语，还喜欢逃课打架……刚上任的教师奥里森煞费苦心地劝说这些孩子，却像对牛弹琴一样，一点儿效果也没有。

奥里森实在不甘心看到这些孩子再这样发展下去，便想出了一个绝妙的方法。他知道这里的人们非常迷信，于是就在课堂上给孩子们看起了手相。起初，孩子们都不太愿意接受，后来看到奥里森对大家手相的推测，将来他们一个个不是地位显赫就是财大气粗，因此孩子们也都愉快地接受了。

罗尔斯看到同伴们的命运都如此之好，便也按捺不住，最终走上台去，让老师帮自己也看一看。奥里森煞有介事地把这只黑乎乎的小手看了又看，"研究"了好半天，然后认真地说道："你以后一定会是纽约州的州长。"

"这是真的吗？我会是一名州长？"罗尔斯有点不敢相信自己的耳朵。他疑惑地望着老师，但从此却在心里暗暗确立了当州长的信念。

从那以后，罗尔斯改掉了自己身上的种种恶习，在他看来一个真正的州长就应该是这样的。一直以来，他心中当州长的念头丝毫没有动摇，他始终朝着自己的目标奋斗着。51 岁那年，罗尔斯登上了纽约州第 53 任州长的宝座。他是有史以来，纽约当选的第一位黑人州长。

在罗尔斯的就职演说中，有这么一句话。他说："信念值多少钱？信念是不值钱的，它有时甚至是一个善意的欺骗，然而你一旦坚持下去，它就会迅速升值。"

因此我们可以说：在这个世界上，信念这种东西任何人都可以免费获得。成功的人，最初都是从一个小小的信念开始的——信念就是所有奇迹的萌发点。

信念是一个人成功的动力，是造就人生奇迹的伟大力量。如果你想了解奇迹背后是什么的话，请你阅读一下下面这个美国小男孩的故事。

这名小男孩的父母希望他们的儿子能成为一位体面的医生。可是，男孩读到高中便被计算机迷住了，整天鼓捣着一台十分落后的苹果机，他把计算机的主机拆下又装上。

男孩的父母很伤心，告诉他，应该用功念书，否则根本无法立足社会，可是，男孩说："有朝一日我会开一家公司的。"但是，父母根本不相信，还是千方百计按自己的意愿培养男孩，希望他能成为一位医生。

不久。男孩终于按照父母的意愿考入了一所医科大学，可是他只对电脑感兴趣。在第一学期，他从当地零售商处买来降价处理的 IBM 个人电脑，在宿舍里改装升级后卖给同学。他组装的电脑性能十分优良，而且价格便宜。不久他的电脑不但在学校里走俏，而且连附近的律师事务所和许多小企业也纷纷来购买。

⊙信念是一个人成功的动力，是造就人生奇迹的伟大力量。

第一个学期快要结束的时候，

他告诉他的父母，他要退学，父母坚决不同意，只允许他利用假期推销电脑，并且承诺，如果一个夏季销售不好，那么，必须放弃电脑。可是，男孩电脑生意就在这个夏季突飞猛进，仅用了 1 个月的时间，他就完成了 18 万美元的销售额。

他的计划成功了，父母很遗憾地同意他退学。

他组建了自己的公司，打出了自己的品牌。在很短的时间内，他良好的商业成绩引起投资家的关注。第二年，公司顺利地发行了股票，他拥有了 1800 万美元的资金，那年他才 23 岁。10 年后，他创下了类似于比尔·盖茨般的神话，拥有资产 43 亿美元。他就是美国戴尔公司总裁迈克尔·戴尔。比尔·盖茨曾经亲自飞赴他的住所美国奥斯汀向他祝贺。比尔·盖茨对他说："我们都坚信自己的信念，并且对这一行业富有激情。"两位商业巨人的手紧紧地握在一起。

戴尔的成功告诉我们，每项奇迹都是始于一种伟大的想法。或许没有人知道今天的一个想法将会走多远，但是，我们不要怀疑，只要静下心来，努力去做，那么心中的梦想就会触手可及。

信念好比航标灯射出的明亮的光芒，在朦胧浩瀚的人生海洋中，牵引着人们走向辉煌。高高举起信念之旗的人，对一切艰难困苦都无所畏惧。相反，信念之旗倒下了，人的精神也就垮了下来。而从来就不曾拥有过信念的人对一切都会畏首畏尾，在漫长的人生旅途中抬不起头，挺不起胸，迈不开步，整天浑浑噩噩，看不到光明，因而也感觉不到人生的幸福和快乐。

一天晚上，一位名叫杰克的青年站在一条河边，一脸忧郁。

这天是他 30 岁生日，可他不知道自己是否还有活下去的必要。因为杰克从小在福利院里长大，身材矮小，长相也不漂亮，讲话还带着浓重的法国乡下口音，所以他一直很瞧不起自己，认为自己是一个既丑又笨的乡巴佬，连最普通的工作都不敢去应聘，没有工作，也没有家。

就在杰克徘徊于生死之间的时候，与他一起在福利院长大的好朋友汤姆兴冲冲地跑过来对他说："杰克，告诉你一个好消息！"

"好消息从来就不属于我。"杰克一脸悲戚。

"不，我刚刚从收音机里听到一则消息。拿破仑曾经丢失了一个孙子。播音员描述的相貌特征，与你丝毫不差！"

"真的吗，我竟然是拿破仑的孙子？"杰克一下子精神大振，联想到爷爷曾经以矮小的身材指挥着千军万马，用带着泥土芳香的法语发出威严的命令，他顿感自己矮小的身材同样充满力量，讲话时的法国口音也带着几分高贵和威严。

第二天一大早，杰克满怀信心地来到一家大公司应聘。

20 年后，已成为一家大公司总裁的杰克，查证出自己并非拿破仑的孙子，但这早已不重要了。

杰克的故事告诉我们，信念可以创造奇迹，信念能够唤起一个人的自信。无论是谁，只要把自己的信念牢牢地根植于心，就能够克服重重困难，实现自己的理想。

自信多一分，成功多十分

信心和能力通常是齐头并进的。

——约翰逊

自信是我们战胜困难，取得成功的重要动力。自信是成功的助燃剂，自信多一分，我们的成功就可以多十分。

拿破仑·希尔说："有方向感的自信心，令我们每一个意念都充满力量。当你有强大的自信心去推动你的致富巨轮时，你就可以平步青云。"

美国前总统里根在接受《SUCCESS》杂志采访时说："创业者若抱有无比的信心，就可以缔造一个美好的未来。"

自信是成功不可少的条件。而当机会来临的时候，我们是否能把握住，往往取决于我们是否有足够的自信，这儿有两个很好的例子：

麦克是《纽约时报》的一位著名记者。他总是津津乐道他是怎样找到第一份工作的。

当时，他紧张兮兮地等在办公室门外，申请材料已经送进去了。一会儿门开了，一个小职员出来："主任要看您的名片。"

麦克从来就没有准备过什么名片，他灵机一动，拿出一副扑克抽出一张黑桃 A 说："给他这个。"

半个小时后，麦克被录取了。黑桃 A 真是一张好牌。麦克若是没有足够的自信，怎敢用它当名片？

拳王阿里有一个绰号叫"牛皮诗大王"。他每次比赛前都喜欢作诗，以表达自己必胜的信心。他经常念这样的诗句：

最伟大的拳王，
20 年前便已露锋芒。
我美丽得像一幅图画，
能把任何人打垮。
……
我预告哪个回合取胜，
就像这是必然的事情。
我把敌人玩弄于掌中，
迅如雷，疾如风。

也许正是因为心中充满了自信，才使得阿里一次次击败对手。

人是自己命运的舵手，自信就是指引人生之舟航向的罗盘。

人生的成败得失和幸福与否，关键在于是否树立了坚强的自信心。一个人

⊙自信是我们战胜困难、取得成功的重要动力。

心中充满了自信，他的前程必然是一片坦途。这一点美国旅馆业大王、世界级巨富威尔逊的经历可给我们以启示。

威尔逊在创业之初，全部家当只有一台分期付款赊来的爆米花机，价值50美元。第二次世界大战结束后，威尔逊做生意赚了点钱，便决定从事地皮生意。如果说这是威尔逊的成功目标，那么，这一目标的确定，就是基于他对自己的市场需求预测充满信心。

当时，在美国从事地皮生意的人并不多，因为战后人们一般都比较穷，买地皮修房子、建商店、盖厂房的人很少，地皮的价格也很低。当亲朋好友听说威尔逊要做地皮生意时，异口同声地反对。

而威尔逊却坚持己见，他认为反对他的人目光短浅。他认为虽然连年的战争使美国的经济很不景气，但美国是战胜国，它的经济会很快进入大发展时期。到那时买地皮的人一定会增多，地皮的价格会暴涨。

于是，威尔逊用手头的全部资金再加上一部分贷款在市郊买下很大的一片荒地。这片土地由于地势低洼，不适宜耕种，所以很少有人问津。可是威尔逊亲自观察了以后，还是决定买下这片土地。他的预测是：美国经济会很快繁荣，城市人口会日益增多，市区将会不断扩大，必然向郊区延伸。在不远的将来，这片土地一定会变成黄金地段。

后来的事实正如威尔逊所料。不出3年，城市人口剧增，市区迅速发展，大马路一直修到威尔逊买的土地的边上。这时，人们才发现，这片土地周围风景宜人，是夏日避暑的好地方。于是，这片土地价格倍增，许多商人竞相出高价购买，但威尔逊不为眼前的利益所惑，他还有更长远的打算。后来，威尔逊在自己这片土地上盖起了一座汽车旅馆，命名为"假日旅馆"。由于它的地理位置好，舒适方便，开业后，顾客盈门，生意非常兴隆。从此以后，威尔逊的生意越做越大，他的假日旅馆逐步遍及世界各地。

威尔逊的经历告诉我们，一个人的成败和他的自信心息息相关。

如果一个人时刻对自己充满自信，能够坚定不移地去做自己心中认定的事情，那么即使他才能平平，也可以取得卓越的成就。

勇于挑战自己的缺憾

对于凌驾命运之上的人来说，信心是命运的主宰。

——海伦·凯勒

汤姆·邓普生出生的时候，只有半只脚和一只畸形的右手。但是，小邓普生的父母却并不因此而沮丧，也从来不让他因为自己的残疾而感到不安。

结果是，在他们的鼓励和帮助下，邓普生竟然能够把同龄人能做的事情都做得非常好。比如说，如果别的孩子能走完 16 千米，那么小邓普生也同样能走完 16 千米。后来，他要踢橄榄球了。经过一段时间，当他和别的孩子在一起玩的时候，他十分吃惊地发现，自己能够和他们一样把球踢得很远。

于是，他不禁对自己更加充满信心。他让人为他专门设计一只鞋子，参加了踢球测验，最终他竟然获得了冲锋队的一个球员资格。

但是冲锋队的教练却尽量委婉地告诉他，说他"不具有做职业橄榄球员的条件"，让他去试试其他的事情。

最后，他申请加入新奥尔良圣徒队，并且请求教练能给他一次机会。圣徒队的教练虽然心存疑虑，但是看到这孩子这么自信，便对他有了好感，因此就收下了他。

两个星期后，圣徒队的教练对他的印象更深了，因为他在一次友谊赛中一脚将球踢出了 50 米远并得分。

这是一个伟大而又激动人心的时刻，球场上坐满了 66000 名球迷。球是在约 26 米线上，比赛只剩下几秒钟，球队把球推进到 41 米线，但是到这个时候可以说已没有时间了。

"邓普生，进场踢球。"教练大声说。

邓普生进场的时候，他知道他的队距离分线有 50 米远，是由巴第摩尔雄马队的英雄毕特·瑞奇踢出来的。

球传接得很好，邓普生一脚全力踢在球身上，球笔直地前进。但是球踢得够远吗？全场的球迷屏住了自己的呼吸。

接着终端得分线上的裁判举起了双手，得了 3 分，球从球门横杆上几厘米的地方越过。

最终，邓普生所在的队取得了胜利。

球迷们狂呼乱叫，他们为踢得最远的一球而兴奋，要知道，这是只有半只脚和一只畸形的手的球员踢出来的！

"真是让人难以相信。"有人大声叫。

但是邓普生却只是笑了笑。他想起了自己的父母，他们告诉他的是他能做什么，而不是他不能做什么。

邓普生这一表现使他成了圣徒队的正式球员。

在以后的赛季中，他为自己的球队赢得了 99 分。

他之所以创造了这么了不起的记录，正如他自己所说的："他们从来没有告诉我，我有什么不能做的。"

汤姆·邓普生的成功是一个勇于挑战自己缺憾的感人事例。

和汤姆·邓普生一样，蒂尼·伯格斯也是一个勇于挑战自身缺憾的人，他不仅没有因为自身的缺憾而自卑，相反，他把自身的缺憾变成了自己的一种优势，这种精神，尤其值得青少年学习。

美国 NBA 联赛中有一个夏洛特黄蜂队，几年前黄蜂队有一位身高仅 1.60 米的运动员，他就是蒂尼·伯格斯——NBA 最矮的球星。伯格斯这么矮，怎么能在巨人如林的篮球场上竞技，并且跻身大名鼎鼎的 NBA 球星之列呢？这是因为伯格斯的自信。

伯格斯自幼十分喜爱篮球，但由于身材矮小，伙伴们瞧不起他。有一天，他很伤心地问母亲："妈妈，我还能长高吗？"母亲鼓励他："孩子，你能长高，长得很高很高，会成为人人都知道的大球星。"
从此，长高的梦想像一粒种子在他心中生根
发芽，变得越来越强烈，不可扼制。

"业余球星"的生活即将结束了，伯
格斯面临着更严峻的考验——1.60 米的身
高能打好职业赛吗？

伯格斯横下心来，决定要凭自己 1.60 米的
身高在高手如云的 NBA 赛场中闯出自己的一片天
地。"别人说我矮，反倒成了我的动力，我偏要证
明矮个子也能做大事情。"在威克·福莱斯特
大学和华盛顿子弹队的赛场上，人们看到蒂
尼·伯格斯简直就是个"地滚虎"，从下方来
的球 90% 都被他收走……

后来，凭借精彩出众的表现，蒂尼·伯
格斯加入了实力强大的夏洛特黄蜂队，在他
的一份技术分析表上写着：投篮命中率
50%，罚球命中率 90%……

一份杂志专门为他撰文，说他个人技
术好，发挥了矮个子重心低的特长，成为
一名使对手害怕的断球能手。"夏洛特的成

⊙一个勇于挑战自身缺憾的人，不仅不
会因为自身的缺憾而自卑，相反，他会
把自身的缺憾变成自己的一种优势。

功在于伯格斯的矮"，不知是谁喊出了这样的口号。许多人都赞同这一
说法，许多广告商也推出了"矮球星"的照片，上面是伯格斯淳朴的微笑。

成为著名球星的伯格斯始终牢记着当年他母亲鼓励他的话，虽然
他没有长得很高很高，但可以告慰母亲的是，他已经成为人人都知道
的大球星了。

身高 1.60 米的伯格斯能够成为一名球艺出众的 NBA 明星，关键
就在于他相信自己，并能够在此基础上充分发挥自己的"身高优势"，

使自己成为夏洛特黄峰队里的超级断球手。伯格斯的成功告诉我们这样一个道理：无论是谁，只要相信自己，努力进取，劣势也可以变成自己的优势，弱项也可以变成自己的强项。

事实上，缺憾并不是自卑的理由。一个人要敢于正视自己的缺点，尤其是年轻人，不要因为自己的一些缺憾而放弃成功的信心，要让自己的缺点成为自己上进的动力。

不要被他人评价的左右

一个人除非自己有信心，否则不能带给别人信心，已经信服自己的人，方可使人信服。

——阿诺德

社会心理学家指出，大多数人都很容易接受外来意见。人类天生对父母、爱人、家人、朋友、领袖的影响开放心胸，他们的评价对孩子的成长有很大的影响。对大部分孩子来说，他们的一生，往往早已被父母设计定型，如此一来，便可能隐匿了他们内心真正的驱动力。譬如，由于贺罗德天生残疾，他的父母希望他做文书方面的工作，但他抗拒他们的建议，而做了他所希望的木匠。另一位会计肯恩也有类似的经验，他说："我父母强调安全，他们希望我做会计工作。我赞同了他们的决定，便做了会计，但我的天性实在比较喜欢表现，比较浪漫化一点。"现在，他计划2年后等孩子开始工作后，便进艺术学校当个老学生。

大多数人都被证明，轻易接受建议是危险的，旁人的建议，无法使自己变成个人真正的样子，反而容易被操纵成别人理想的样子。

"做任何事情，开始时，最为重要的是不要让那些总爱唱反调的人破坏了你的理想。"芭芭拉·格罗根指出，"这世界上爱唱反调的人真是太多了，他们随时随地都可能会列举出若干个理由，说你的理想不可能实现，在这种情况下你一定要坚定自己的立场，相信自己的力量，不要因为他人的评价而放弃自己内心的想法。"

哈代是一个发明家，但他周围的朋友和同事都认为他是一个满脑子怪念头的"傻瓜"。当他弄明白电影发明的原理之后，便从电影胶卷的转盘中产生了灵感：他让胶卷上的画面一次只向前移动一格，以便老师能够有充足的时间详细阐述画面里的内容。

这个想法让哈代受到不少嘲笑，但是他没有因此退缩，经过反复试验之后，哈代终于成功地实现了让画面与声音同步进行的目标，创造了"视听训练法"。

另外，作为一名游泳运动员，哈代曾经两度入选美国奥运会游泳代表队，也曾经连续 3 届获得"密西西比河 16 千米马拉松赛"的冠军。哈代在游泳的时候，觉得大家在比赛时使用的游泳姿势不好，决心加以改变。

但是，当他把想法告诉教练时，教练认为他的想法太过荒唐，立刻加以拒绝。一位游戏冠军也告诫他不要冒险尝试，以免不小心在水里淹死。

当然，哈代还是没有理会他们的告诫，仍然不断地挑战传统的游泳姿势，最后终于发明了自由式游泳。自由式游泳现在已经成为国际游泳比赛的标准姿势之一。

不要怕被称为傻瓜，有时候，真理只站在少数人这边。要相信自己内心的想法，努力去实现它，这样，你才能取得人生的胜利。巴尔扎克说过："发明家全靠一股了不起的信心支持，才有勇气在不可知的天地中前进。"同样，在人生成长的道路上你也要靠自己内心强大的自信支持自己的行动，而不是让别人的言行左右你的成长。

杰克是一位年轻的画家。有一次他在完成一幅杰作后，拿到展厅去展出。为了能听取更多的意见，他特意在他的画作旁放上一支笔。这样一来，每一位观赏者，如果认为此画有败笔之处，都可以直接用笔在上面圈点。

当天晚上，杰克兴冲冲地去取画，却发现整个画面都被涂满了记号，没有一笔一画不被指责的。他十分懊丧，对这次的尝试深感失望。

他把他的遭遇告诉了一位朋友，朋友告诉他不妨换一种方式试试，于是，他临摹了同样一张画拿去展出。但是这一次，他要求每位观赏者将其最为欣赏的妙笔之处标上记号。

等到他再取回画时，结果发现画面也被涂满了记号。一切曾被指责的地方，如今却都换上了赞美的标记。

"哦！"他不无感慨地说，"现在我终于发现了一个奥秘：无论做什么事情，不可能让所有的人都满意，因为，在一些人看来是丑恶的东西，在另一些人眼里或许是美好的。"

画展里的这种情况，我们常常会在现实生活里碰到。同样的事，同样的人，常常会得到不同的评价。仔细想想，这也并不奇怪；因为人世间每一个人的眼光各不相同，理解事物的角度也不一样。所以遇事要用正确的思维方式，不要完全相信你听到的看到的一切，也不要因为他人一时的批评而迷失自己。

我们无论做什么，一定要对自己有一个清楚的认识，要有自己的主见，不能因为别人一时的批评和议论而迷失自己，改变自己，失去了自己的主见。

心理学家认为，外部因素虽然可以影响一个人的决定，然而真正起决定性作用的还在于一个人的内心。也就是说，不经你的同意，没有人能够影响你。一个人的自信心越强，就越不容易受到外界的影响。心理学家讲过这样一个例子：如果你在船上走近一位看起来很可怜的人，对他说："你看起来好像很不舒服，你的脸色好苍

⊙外部因素虽然可以影响一个人的决定，然而真正起决定性作用的还在于一个人的内心。

白，我想你一定是晕船了。我扶你到你的船舱去。"你晕船的提示和他自己的恐惧感联结在一起，该乘客的脸色会变得更苍白了。他接受了你的扶助，到船舱里躺了下来。你的消极、不好的提示经他接受之后，就成真了。

对于同一提示，不同的人会有不同的反应。这是因为他们潜意识所接受的状况和思想不同的关系。如果你不是走近一名乘客，而是走到一名水手面前，同情地说："老弟，你看起来好像很不舒服。你感到难过吗？我看，你要晕船了。"

根据他特有的身份，他不是笑说你在"开玩笑"，就是会显得有点生气。在这种情形之下，你的提示他是听不进去的。因为你提出晕船的提示，在他的心中引不起恐惧或忧虑，反而会激起他的自信心。

一项提示或者评价是把某种事物状况，灌输到一个人心中的行为或步骤。也就是一个人的心智对所提示的想法和观念加以考虑、接受，或付诸实施的处理过程。你必须记住：一项提示如果和你的意念方向不一，就无法把某种事物状况灌输到潜意识中。换句话说，你的意识具有排斥提示的力量。譬如，对于水手来说，他根本不怕晕船。他早已使自己深信自己不会晕船，因此你消极、否定的提示，对他根本就不起作用。

我们每个人，内心都有着自己的信念和见解。我们心里的这些认定，会统治、支配我们的生活。别人的提示本身并没有力量，除非你在心理上已经接受了它。一旦你接受了它，就会促使你思想上的改变，对你的成长轨迹造成影响。

找到属于自己的音符

> 不要失去信心，只要坚持不懈，就终会有成果。
>
> ——钱学森

富兰克林说过，宝物放错了地方便是废物。一个人找到自己的特长，学会经营自己的长处，就能够化自卑为自信。事实上，每个人都有自己的长处，教育家Ｒ.Ｈ.里夫斯博士写过一个常被人引用的寓言，题为"动物学校"，该寓言说明了尊重差异的重要性。故事是这样讲的：

很久很久以前，动物们决定必须干一番勇敢的事业，以应付"新世界"的问题。于是，它们建立了一所学校，选定了活动课程，其中包括跑步、爬树、游泳和飞翔。为了方便管理，所有动物要参加所有科目。

鸭子擅长游泳，实际上比教练游得都好，飞翔的成绩也很优异，但却很不擅长跑步，由于它跑步成绩很差，放学后只得留在学校，还不得不中断游泳来练习跑步。它练呀，练呀，直到最后把双脚磨得不成样子，游泳也落了个一般水平。然而，在学校里，一般水平是可以接受的，所以，除了鸭子本身外，没有谁为此而担忧。

兔子开始在全班跑得最快，但由于需要一次次地补考游泳，搞得神经衰弱了。

松鼠爬树成绩优异，可后来被飞翔课搞得灰心丧气，因为老师让它从地面向上飞，而不是从树上向下飞。它由于练得太用劲，把肌肉扭伤了，结果爬树得了Ｃ，跑步得了Ｄ。

鹰最不听话，不得不被严加约束。在爬树课上，它击败所有对手，首先到达树顶，但却坚持使用自己的方式。

这年结束时，一条游泳技术超群，在跑步、爬树和飞翔方面也略具本领的畸形鳝鱼平均成绩最好，并成为致告别词的毕业生代表。

草原犬鼠没有入学并反对征税，因为行政当局不愿将挖洞列入课程。它们让孩子跟着地鼠学徒，后来与土拨鼠和地鼠合伙建立了一所成功的私立学校。

Ｒ.Ｈ.里夫斯博士的这则寓言说明了每个人的才能都是有差异的，我们不必因为羡慕别人的长处而丧失自己的自信，而应当找到自己的长处，努力将自己的长处发掘出来，这样，有助于我们在内心树立起自信。

李扬是一位著名的配音演员，广受大家喜爱的卡通形象唐老鸭就是他配的音。李扬在初中毕业后参了军，在部队当一名工程兵，他的工作内容是挖土、打坑道、运灰浆、建房屋。可是李扬明白，自己身上潜在的宝藏还没有被开发出来：那就是自己一直喜爱的影视艺术和文学艺术。

在一般人看来，这两种工作简直是风马牛不相及的，但李扬却坚信自己在这方面有潜力，应该努力把它们发掘出来。于是他抓紧时间工作，认真读书看报，博览众多的名著剧本，并且尝试着自己搞些创作。退伍后李扬成了一名普通工人，但是他仍然坚持不懈地追求自己的理想。没过多久，大学恢复招生考试，李扬考上了北京工业大学机械系，变成了一名大学生。从此，他用来发掘自己身上宝藏的机会一下子多了起来。经几个朋友的介绍，李扬在短短的 5 年中参加了数部外国影片的译制录音工作。这个业余爱好者凭借着生动的、富有想象力的声音，参加了《西游记》中美猴王的配音工作。1986 年初，李扬迎来了自己事业中的辉煌时刻，风靡世界的动画片《米老鼠和唐老鸭》招聘汉语配音演员，风格独特的李扬一下子被迪士尼公司相中，为可爱滑稽的唐老鸭配音，从此一举成名。李扬说，自己之所以成功，是因为一直没有停止过挖掘自己的长处。

很多人之所以自卑就是因为没有找到自己的长处，没有挖掘出自身的潜力。每个人身上都有独特的特长和天分，只要能找出自己的特长，发挥自己的天分，你就能够为自己赢得自信。

每个人都有自己的特长，并适合于不同的工作岗位。不同的工作岗位对人才的素质与才能的要求也不同。比如，做一个杰出的临床医生，必须具有很好的记忆力；研究理论物理学，抽象思维能力不可少；一个数学家没有必要一定具备实际操作、设计和做实验的能力，虽然这种能力对于一个化学研究者来说是必不可少的；而天文学是一门观察科学，需要很好的观察能力、浓厚的兴趣和长久的毅力。

人的兴趣、才能、素质也是不同的。如果你不了解这一点，没能把自己的所长利用起来，你所从事的行业需要的素质和才能正是你所缺乏的，那么，你将在平凡的工作中失掉信心和热情，而你的才能也将会被埋没。反之，如果你有自知之明，善于自我设计，从事你最擅长的工作，你就会获得成功。

树立自信，走出自卑的泥潭

> 我的力量是真正源泉，是一种暗中的、永不变更的对未来的信心。甚至不只是信心，而是一种确信。
>
> ——杜·伽尔

心理学认为，每个人对自己都或多或少带有一些不恰当的认识，自卑就是一种过多的自我否定而产生的自我贬低的情绪体验，是一种认为自己在某些方面不如他人的自我意识和自己瞧不起自己的消极心理，是由主观和客观原因造成的。

人的自卑心理来源于心理上一种消极的自我暗示，即"我不行"、"不可能"等，对自己的能力、学识、品质等自身因素、自我评价过低，在日常生活中表现出行为畏缩、瞻前顾后、心理的承受能力较弱、经不起较强的刺激、谨小慎微、多愁善感等。长期被自卑情绪笼罩的人，一方面感到自己处处不如别人，一方面又害怕别人瞧不起自己，逐渐形成了敏感多疑、胆小孤僻等不良的个性特征。自卑使他们不敢主动与人交往，不敢在公共场合发言，消极应付工作和学习，不思进取。因为自认是弱者，所以无意争取成功，只是被动服从并尽力逃避责任。自卑不仅会使心理活动失去平衡，而且也会引起人的生理变化，最敏感的是对心血管系统和消化系统产生不良影响。生理上的变化反过来又影响心理变化，加重人的自卑心理。在自卑心理的作用下，遇到困难、挫折时往往会出现焦虑、泄气、失望、颓丧的情感反应。一个人如果做了自卑的俘虏，不仅会影响身心健康，还会使聪明才智和创造能力得不到发挥，使人觉得自己难有作为，生活没有意义。

自卑是一种常见的心理现象，自卑与生俱来，人人都有，无论圣人贤士、帝王富豪还是布衣寒士、贩夫走卒，在潜意识里都是充满自卑感的，真所谓"天下无人不自卑"，几乎所有的人都存在自卑感，只是表现的方式和程度不同而已。

自卑是每个人都会有的心理现象，然而作为一个成功者，他能够克服自卑、超越自卑，合理地调节心理承受力，从而成功地做好事情。他们都用什么方法来调控自己呢？

认识法

运用全面的、辩证的、发展的观点看待自己和周围的事物，认识到人不会是十全十美的，人是追求完美、不断完善的；而对于自己的缺点也不能悲观，正视缺点并设法弥补它，这样你便会消除自卑。

转移法

通过把兴趣转向自己爱好的业余活动或事业上，淡化心理上的自卑阴影，缓解紧张。

分析法

这种方法也叫心理分析法，即通过对心理医生的咨询，了解到自卑的原因，对症下药，解决自卑问题。

行动法

行动法也就是找一些较容易的工作，然后用自己的实力完成，这样便会收获一份喜悦。接着再找一个新的目标，完成后再找。这样你的自信心就会逐渐恢复，从而战胜自卑。

补偿法

补偿法也就是通过努力奋斗，突出自己某一方面的特长，从而弥补自己心理上或生理上的缺陷。这就是心理学上的"代偿作用"，即扬长避短，把自卑转化为自强的动力。

古人说"有长必有短，有明必有暗"，所以每个人都是一样的，人人都有自卑的一面。而在通往成功的路上，只有战胜"自卑"，才能成为一个自信的成功者。

在搏击中，最好的防卫方式是进攻。同样，在战胜自卑的过程中，最好的方式就是在内心中树立起自信，用自信去驱逐内心的自卑。下面是我们提出的一些方法，有助于提升你的自信心。

学会正视别人

不正视别人通常意味着：在你面前我感到很自卑，我感到不如你，我怕你……而正视等于告诉别人：我很诚实，光明磊落，毫不心虚。请练习正视别人吧！这不但能带给你自信，也能为你赢得别人的信任。

练习当众发言

在会议中沉默的人都认为："我的意见可能没有价值，如果说出来，别人会觉得我很蠢，我最好什么也别说。"越是这样想，人就越来越会失去自信。但如果积极发言，就会增加信心，下次也就更容易发言。要当破冰船，第一个打破沉默，不要担心你会显得很愚蠢，因为总会有人同意你的意见。

经常开怀大笑

这是医治信心不足的良药。开怀大笑，你会觉得美好的日子又来了。但是要笑得大，不要要笑不笑，要露齿大笑才能见效。

注意仪表

从理论上说，我们应当看重一个人的内在而不是外表。但请你不要太天真，大多数人都是以你的外貌打量你，因为你的外表是给人的第一印象，而且这种印象会持续下去，在许多方面影响别人对你的看法。

穿着得体是必要的，因为这样不但会使别人看你时觉得你很重要，你也会因此而觉得自己真的很重要。当你去面试，当你去与人谈判，当你去赴约，请你为这些活动打扮一下。

经常鼓励自己

你要经常自己鼓励自己。在做一项工作前，先要鼓足自己的勇气，要找出自己能做好这项工作的有利条件、长处、优点，并且勉励自己。你也不要忘了在做成这项工作后，自我庆祝一下，自己给自己一份嘉奖：去喝杯酒，或给自己放个假休息一下。

自信心对于一个人是非常重要的。没有自信心，会束缚自己发展的手脚，也不会得到别人的敬重和信任。但自信必须有知识做后盾，这是我们应该牢记的。

哈佛成功榜

罗伯特·弗罗斯特 （1874 ~ 1963 年），美国著名诗人。1897 年秋，入哈佛大学，但不到两年因肺病中断学业。1912 年，带领全家迁居英国。1913 年出版抒情诗集《少年的意志》，1914 年出版叙事诗集《波士顿以北》。第一次世界大战开始后，于 1915 年 2 月返回美国。此后，先后在阿默斯特学院、密歇根大学和哈佛大学等院校执教。他曾 4 次获得普利策奖。他在约翰·肯尼迪 1961 年的就职仪式上十分引人注目，朗诵了他特地为这一场合写的诗篇《全才》。

教育就是要使人具备一种能力，可以听到任何话都不动怒或丧失自信。

——罗伯特·弗罗斯特

自立

——自立自主方可驾驭人生

自立是生存的开始，是成功的保证。青少年应当学会在社会中自立，不能太依赖别人的帮助。依靠别人的帮助只能满足一时之需，要想在社会中生存下去，就得依靠自己的力量。青少年要想在未来的社会竞争中取胜，就应当及早培养自立自主的意识，做到自立自强。扔掉依赖的拐杖，发现自己的那一天，就是你人生成功的开始。

自立是生存的开始

> 人，谁都想依赖强者，但真正可以依赖的只有自己。
>
> ——德田虎雄

自立是生存的开始。如果一个人总是依靠别人的搀扶才能够行走，总是要靠别人的指点才能够行动，那么这个人一旦失去了别人的帮助，就没有独立生存下去的能力。

一群小狐狸稍稍长大后，狐狸妈妈便"逼"它们离开家。曾经很护崽的狐狸妈妈忽然像发了疯似的，就是不让小狐狸们进家，又咬又赶，非要把它们都从家里撵走。最后小狐狸们只好依依不舍地去开始自己的独立生活。多么冷酷的心理断奶！但这又是多么理智的生存教育啊！我们也应该像狐狸妈妈对待小狐狸那样来对待自己。

比尔·克林顿 7 岁的时候，家里在温泉城外买了一个小农场，并且还雇用了一名女佣。比尔的家庭并不富裕，但是雇女佣是霍普人的传统。每当克林顿的母亲到医院去上班，女佣便负责照料克林顿和弟弟罗杰的起居和生活。但克林顿却几乎不用女佣照料，一切都试着自己去做。不仅如此，他还常常主动去照顾弟弟罗杰，陪他玩耍，哄他入睡。母亲回忆说，不是谁要克林顿那样去做，而是克林顿常常抢着去做女佣该做的事情，"完全负起了责任"。这有时令女佣感到非常为难。

女佣玛丽是一名笃信宗教的白人妇女，她对克林顿的优良品行和高度责任心十分赞叹，断定克林顿将来必成大器。她说自己很早就发现克林顿跟别的孩子不同。他对人友善、礼貌，而且有很强的责任心和领导力。学校中的一些小伙伴常常围着他转，他俨然是他们当中的"头"。回到家里，他不用别人督促，便会井井有条地把该干的事情干好。

克林顿之所以能够成为美国总统，有很大一部分原因得益于他在很小的时候就树立了独立自主的精神，凡事都试着自己去做。在西方世界中，青年人较强的自立意识十分值得我们学习。尊重个人价值、个人尊严是自立、自强观念的核心。美国人的自立意识是生活方式中的最根本观念，是信奉个人主义。其含义是相信每个人都具有价值，都应按其本人的意愿和表现来对待和衡量。这种个人主义同自私自利不同，它表现在社会实践中，对个人独立性、创造性、负责精神和个人尊严的尊重。在家庭中，孩子应受到作为个人所应受到的尊重。成年后，他们对自己的生活和前途有选择的权利和自由，从而对自己的遭遇，不论好坏都由自己负责。父母只能起"咨询作用"，不能为儿女代为安排个人的事宜。成年儿女一般都自立门户，独立生活。

在美国的一些大学生中，尽管父母有钱，他们也不愿仰仗父母。毕业后找不到合适的工作，用不上专业特长，宁可降格以求，大材小用。目的是要有工作，自己挣钱独立生活。

这些大学生中，自力更生、勤工俭学的占较大比例，"花花公子"式的是少数。学生在学校里"打工"，维护环境卫生等，收取一定报酬。他们并不以干各种杂工为耻，都能尽职做好。因而美国的大学生当临时工的不少，他们养成了劳动的习惯，增长了社会知识，还学会了某些技能，也解决了部分学习费用。

曾经有一本名为《20岁的年轻人必须尝试的50件事》的畅销书，书中阐述的一个观点是要求青年"在生活目标上做一个'不孝者'——你的一生不属于你的父母"。鼓吹的就是这种自立于世的意识。

"独立自主"已经成为美国等西方国家青少年教育的"传统"，在这种传统的教育下，这些国家的青年们都有较强的自立意识。美国有一位有名的富豪，为自己大学毕业的孩子举办了毕业酒会。他举着一杯100美金的酒，对众人说："我今天真高兴，因为从现在起，他应该落到地面，自己走路了。"

这个富豪之子，只身到了纽约，租了一间小公寓，自己闯荡江湖。23岁的他，再不要父母的呵护，不要父母的供给，而义无反顾地走自己的路，向着成功的阶梯攀登。

自立是青少年准备面向未来的重要素质，也是他们迈向成熟的第一步。在生存的道路上，自立是最开始的准备工作。

俗话说，"总在窝里的鹰永远也不会飞"，要做到自立自强，有时候就要对自己有一股"狠"劲儿，要逼着自己经历风吹雨打，哪怕冻得牙关紧咬；要扛起最重的担子，哪怕压得气喘吁吁。

王明是一位博士，他对"穷人的孩子早当家"这句话有着深刻的体会。王明幼时的家境不太好，因此，从小的时候，父母就教他洗衣、做饭，当时他很不开心。上初中时，母亲生病住院，父亲忙得不可开交，他就自己照顾自己，有时还能给父母做饭。从那以后，他知道了生活自理对一个青少年的重要。直到最终事业有成，他一直坚持自己的事自己做。

自立是生存的开始。如果我们要在生活中自立，就要养成自理的好习惯，自己能做好的事一定要靠自己的力量做好。因为我们迟早要独自面对这个社会。如果说长辈的呵护是一篓鲜嫩的鱼，那么自理就是一根鱼竿。鱼总有吃完的时候，你只有得到钓鱼的鱼竿，才能保证你未来的生活衣食无忧。

然而，在现在的青少年朋友中，缺少自理能力的还是大有人在。

一位北京某大学的新生，从小就被父母娇生惯养，考取大学后，因缺乏独立生活的能力而被迫离开梦寐以求的学府。

根据中国青少年研究中心"中国城市独生子女人格发展状况调查"显示，20.4%的青少年明确表示"缺少生活自理能力"；18.3%的青少年"做事依赖别人"；28%的青少年"很少帮助家长干活"。

国内有一位著名的青少年教育专家曾忧心忡忡地说，青少年在父母如此"周到"的服务、如此"严密"的保护中，自理行为大大减少，对成年人依赖性越来越强。很多青少年都将父母的呵护当作"拐杖"，

中国城市独生子女人格发展状况调查

18.3% ➡ 做事依赖别人

20.4% ➡ 缺少生活自理能力

28% ➡ 很少帮助家长干活

可是却没有想过，一旦离开了"拐杖"，自己就寸步难行。

青少年朋友将来面对的竞争，绝不仅仅是知识和智能的较量，而是综合能力的较量。没有自理能力，你在起跑线上就输了。因此，从小培养自理能力，是每个杰出青少年必须具备的素质要求。

青少年可以通过以下几种途径培养自己的自理能力。

首先，要养成生活自理的意识。我们缺乏培养自理能力的意识

如何培养自理能力

↓

养成自理生活的意识

↓

养成自己动手的习惯

↓

正确地对待自己的错误

主要有两方面的原因：一方面是娇惯自己，不愿意让自己"受苦"，怕自己不小心磕着或碰着。另一方面是父母怕麻烦，有些父母说：有教孩子做事情的那些时间，自己也就替他做好了。其余的事情包括力所能及的事都不用做，从而剥夺了他们生活自理的机会。当今独生子女缺乏自理能力普遍是由于上述原因所造成的。

事实上，这种完全忽略自理能力培养的心态，既害了孩子，也害了父母。因此，强化培养自理能力的意识是很有必要的。

其次，要养成自己动手的习惯。

在训练自理能力的时候，除了训练自己管理自己的日常生活以外，还要特别强调训练自己学做家务。如自己做早点、洗袜子、拿牛奶、买东西等。同时，可以要求父母对你提出切合实际的要求并做出具体的技术性指导，即使是洗手帕、洗碗碟或收拾房屋也要注意这一点。

最后，要正确地对待自己的错误。

有时候，由于年龄小，认知水平不高，考虑问题不周全，力气小，在做事的过程中，难免会出现一些失误。不要指责自己，更不能惩罚自己，对于有失误的地方，要分析原因，找到问题所在，以提高操作的技能和

水平。这样，既能保护自己自理生活的自觉性、积极性，培养良好的心理品质；又能逐步走向成熟，不断提高自己的认知水平和生活自理能力。

如果你总是做得不好，也切不可性急，更不能灰心沮丧，自我否定。要以激励为主，肯定自己做得好的方面，在此基础上找出不足之处，从而为下一次避免失误找到方法。这样做，不仅可以锻炼自理能力，而且极大地增强了自信心，将对促进身心发展产生积极作用。

自助者天助

智者一切求自己，愚者一切求他人。

——卡莱

从前，有一个农夫驾着一辆满载干草的车子走在乡间的路上，没想到却陷进了泥坑里。在乡下的田野上，会有谁来帮这个可怜人的忙呢？这完全是命运之神有意惹人发怒而安排的。

车子陷入泥坑让农夫大为恼火，他骂泥坑，骂马，又骂车子和自己。无奈之中，他只得向举世无双的大力神求救。

"尊敬的大力神，"车夫恳求道，"请你帮帮忙，你的背能扛起天，把我的车从泥坑中推出来对你来说应该是举手之劳。"

刚祈祷完，车夫就听到大力神在云端发话了："神要人们自己先动脑筋、想办法，然后才会给予帮助。你先看看，你的车困在泥坑里究竟是什么原因？为什么会陷入泥坑？拿起锄头铲除车轮周围的泥浆和烂泥，把碍事的石子都砸碎，把车辙填平，你不自己尝试一下怎么行呢？"

过了一会儿，大力神问车夫："你干完了吗？"

"是的，干完了。"车夫说。

"那很好，我来帮助你。"大力神说，"拿起你的鞭子。"

"我拿起来了……这是怎么回事？我的车走得很轻松！大力神赫拉

克勒斯，你真行！"

这时神发话说："你瞧，你的马车很顺利就离开了泥坑，遇到困难，要先自己动脑筋想办法解决，老天才会帮你一把。"

自助者，天助之。遇到问题，不要抱怨，不要依赖于别人，自己积极地动脑筋，想办法，一切都会迎刃而解的。

自力更生和自己战胜自己能够教会一个人从自身力量中汲取动力。在这种动力的激发下，挫折不仅不会变成不幸和痛苦，相反，通过吃苦耐劳，坚忍不拔的自助实干，挫折和不幸会转化成为一种幸福，它能够唤起人们奋发向上的激情，并为之勇敢地战斗。

约翰·内斯就是一个自立自强的好例子。

约翰·内斯出生于1932年。他在出生的时候发过一次高烧，结果导致他患上了大脑神经系统瘫痪，这种神经系统紊乱严重影响了他的说话、行走和对肢体的控制。他长大后，人们都认为他肯定在神智上还存在着严重的缺陷和障碍，州福利院将他定为"不适于被雇用的人"。专家们说他永远都不能工作。

约翰能取得日后的成就应当感谢他的母亲，她一直鼓励约翰做一些力所能及的事情。她一次又一次地对约翰说："你能行，你能够工作、能够独立。"

约翰受到母亲的鼓励后，开始从事推销员的工作。他从来没有将自己看做是"残疾人"。开始时，他向福勒刷子公司提交了一份工作申请，但该公司拒绝了他，并说，他根本无法完成该公司的业务。几家公司都做出了同样的判断。

但约翰坚持了下来，他发誓一定要找到工作，最后怀特金斯公司很不情愿地接受了他，同时也提出了一个条件：约翰必须接受没有人愿意承担的波特兰、奥根地区的业务。虽然条件非常苛刻，但毕竟是个机会，约翰欣然接受了，约翰终于坚定地在自我的道路上迈开了第一步。

1959年，约翰第一次上门推销，反复犹豫了4次，才最终鼓起勇气按响了门铃,开门的人对约翰推销的产品并不感兴趣。接着是第二家,第三家。

约翰的生活习惯让他始终把注意力放在寻求更强大的生存技巧上,所以即使顾客对产品不感兴趣,他也不会灰心丧气,而是一遍一遍地去敲开其他人的家门,直到找到对产品感兴趣的顾客。

38 年来,他的生活几乎重复着同样的路线,他一直坚定地走着自己的道路。

每天早上,在他工作的路上,约翰会在一个擦鞋摊前停下来,让别人帮他系一下鞋带,因为他的手非常不灵巧,要花很长时间才能系好。然后,他在一家宾馆门前停下来,宾馆的接待员给他扣上衬衫的扣子,帮他整理好领带,使约翰看上去更好一些。

不论刮风,还是下雨,约翰每天都要走 16 千米,背着沉重的样品包,四处奔波,那只没用的右胳膊蜷缩在身体后面。这样过了 3 个月,约翰敲遍了这个地区的所有人家的家门。当他做成交易时,顾客会帮助他填写好订单,因为约翰的手几乎拿不住笔。

出门 14 个小时后,约翰会筋疲力尽地回到家中,此时他关节疼痛,而且偏头痛还时常折磨着他。

一年年过去了,约翰负责的地区的家门越来越多地被他打开,他的销售额也渐渐地增加了。24 年过去了,他上百万次地敲开了一扇又一扇的门,最终他成了怀特金斯公司在西部地区销售额最高的推销员,成为销售技巧最好的推销员。

在顽强地自我奋斗的路上,约翰获得了巨大的成就。

1996 年夏天,怀特金斯公司在全国建立了连锁机构,现在约翰没有必要上门进行推销,说服人们来购买他的产品了。此时,约翰成了怀特金斯公司的产品形象代表,他是公司历史上最出色的推销员,公司以约翰的形象和事迹向人们展示公司的实力。怀特金斯公司对约翰的勇气和杰出的业绩进行了表彰,他第一个得到了公司主席颁发的杰出贡献奖,后来这个奖项只颁发给那些拥有像约翰·内斯那样杰出成就的人。

在颁奖仪式上，约翰的同事们站起来为他欢呼鼓掌，欢呼和泪水持续了5分钟。怀特金斯公司的总经理告诉他的雇员们："约翰告诉我们，一个有目标的人，只要全身心地投入到追求目标的努力中，那么生活中就没有事情是不可能做到的。"那天晚上约翰·内斯的眼中没有痛苦，只有骄傲和自豪。

约翰·内斯的故事说明这样一个道理，一个人只要相信并充分依靠自己的力量，自立自强，便没有克服不了的困难。世界上真正能拯救自己和帮助自己的人只有自己。

有一次，美孚石油公司董事长洛奇到一家分公司去视察工作，在卫生间里，看到一位小伙子正跪在地上擦洗黑污的水渍，并且每擦一下，就虔诚地叩一下头。

洛奇感到很奇怪，便问小伙子为何如此？这位小伙子答道："我在感谢一位圣人。"

洛奇问他为何要感谢那位圣人？小伙子说："是他帮助我找到了这份工作，让我终于有了饭吃。"

洛奇笑了，说："我曾经也遇到一位圣人，他使我成了美孚石油公司的董事长，你愿意见他一下吗？"小伙子说："我是个孤儿，从小靠别人养大，我一直都想报答养育过我的人。这位圣人若能使我吃饱之后，还有余钱，我很愿意去拜访他。"

洛奇说："你一定知道，南非有一座高山，叫胡克山。据我所知，那上面住着一位圣人，能为人指点迷津，凡是遇到他的人都会前程似锦。10年前，我到南非登上过那座山，正巧遇上他，并得到他的指点。假如你愿意去拜访，我可以向你的经理说情，准你一个月的假。"

这位年轻的小伙子是个虔诚的教徒，很相信神的帮助，他谢过洛奇后就真的上路了。

他风餐露宿，日夜兼程，最后终于到达了自己心中的圣地。然而，他在山顶徘徊了一天，除了自己，什么都没有遇到。

小伙子很失望地回来了。

他见到洛奇后说的第一句话是："董事长先生，一路我处处留意，但直至山顶，我发现，除我之外，根本没有什么圣人。"

洛奇说："你说得很对，除你之外，根本没有什么圣人。因为，你自己就是圣人。"

后来，这位小伙子成了美孚石油公司一家分公司的经理，有一次，在接受记者采访时，他向记者讲述了上面的故事，并补充了这么一句话："发现自己的那一天，就是人生成功的开始。任何人只要相信自己，就能够创造奇迹。"

一个人唯一可靠的是自己，除了你自己，没有另外一个人可以带给你成功。你发现自己的那一天，就是你人生成功的开始。

自食其力才能赢得尊严

手懒的受贫穷，手勤的得富足。

——《圣经》

从前，老虎并不像现在这样威风，相反他是所有动物中最弱小的一个。因为捕捉不到动物，常常是饥一顿，饱一顿。

于是，狮王把所有的小动物都召集起来说："老虎是我们中的一员，我们不能眼睁睁地看着他饿肚子而不管不问。我建议，大家都伸出友谊之手，拉他一把，帮他渡过难关。"

于是，动物们都给老虎送去了好吃的东西，唯有猫什么东西也没有送。

狮王不高兴地对猫说："大家都为老虎送了东西，你怎么什么都不送呢？"

猫说："你们送给他的东西虽然很多，但总有一天会吃完的，我要送给他一件永远吃不完的礼物。"

狮王不屑地说："算了吧，你除了能送几只老鼠外，还能送什么呢？"

猫回答说："以后你会看到的。"

几个月以后，狮王又来到老虎家。好家伙！老虎家里里外外到处都挂着好吃的东西。

狮王问："这些东西都是猫送的？"

"不，"老虎说，"他送的礼物要比这些东西贵重千万倍！"

狮王好奇地问："那究竟是什么东西？"

老虎说："他教我练壮了身体，又教我学会了捕食的本领。"

"噢！"狮王从头到尾把老虎打量了一番说，"难怪你那么崇拜他呢，连衣服也和他穿得一模一样！"

再多的好东西都比不上一身本领。要想在社会上立足，就要摆脱依赖他人的想法，不断提高自身的能力，练就一身谋生的好本领。这样才能为自己赢得尊严。

一年冬天，美国加州的一个小镇上来了一群逃难的流亡者。长途的奔波使他们一个个满脸风尘，疲惫不堪。善良好客的当地人家家生火做饭，款待这群逃难者。镇长约翰给一批又一批的流亡者送去粥食，这些流亡者，显然已好多天没有吃到这么好的食物了，他们接到东西，个个狼吞虎咽，连一句感谢的话也来不及说。

只有一个年轻人例外，当约翰镇长把食物送到他面前时，这个骨瘦如柴、饥肠辘辘的年轻人问："先生，吃您这么多东西，你有什么活儿需要我干吗？"约翰镇长想，给一个流亡者一顿果腹的饭食，每一个善良的人都会这么做。于是，他说："不，我没有什么活儿需要您来做。"

这个年轻人听了约翰镇长的话之后显得很失望，他说："先生，那我便不能随便吃您的东西，我不能没有经过劳动，便平白得到这些东西。"约翰镇长想了想又说："我想起来了，我家确实有一些活儿需要你帮忙。不过，等你吃过饭后，我就给你派活儿。"

"不，我现在就做活儿，等做完您的活儿，我再吃这些东西。"那个青年站起来。约翰镇长十分赞赏地望着这个年轻人，但他知道这个年轻人已经两天没有吃东西了，又走了这么远的路，可是不给他做些活儿，他是不会吃下这些东西的。约翰镇长思忖片刻说："小伙子，你愿意为我捶背吗？"那个年轻人便十分认真地给他捶背。捶了几分钟后，约翰镇长便站起来说："好了，小伙子，你捶得棒极了。"说完就将食物递给年轻人，他这才狼吞虎咽地吃起来。约翰镇长微笑地注视着那个青年说："小伙子，我的庄园太需要人手了，如果你愿意留下来的话，那我就太高兴了。"

那个年轻人留了下来，并很快成为约翰镇长庄园的一把好手。两年后，约翰镇长把自己的女儿詹妮许配给了他，并且对女儿说："别看他现在一无所有，可他将来百分之百是个富翁，因为他有尊严！"

果然不出所料，20 多年后，那个年轻人真的成为亿万富翁了，他就是赫赫有名的美国石油大王哈默。哈默穷困潦倒之际仍然有自尊、自立的精神，赢得了别人的尊敬和欣赏，也为自己带来了好运。

一个人只有自立才能为自己赢得尊严。一个在穷困中仍然能够保持自立精神，不依靠别人的施舍生活的人，最终必将获得人生的成功。

杰克 7 岁那年，他的父亲去世了，他还有一个 2 岁大的妹妹，母亲为了这个家整日操劳，但是赚的钱仍难以让这个家的每个人都填饱肚子。看着母亲日渐憔悴的样子，杰克决定帮着赚钱养家，因为他已经长大了，应该为这个家贡献一份自己的力量了。

一天，他帮助一位先生找到了丢失的笔记本，那位先生为了答谢他，给了他 1 美元。

杰克用这 1 美元买了 3 把鞋刷和 1 盒鞋油，还自己动手做了个木头箱子。带着这些工具，他来到了街上，每当他看见路人的皮鞋上全是灰尘的时候，就对他们说："先生，我想您的鞋需要擦油了，让我来为您效劳吧！"

他对所有的人都是那样有礼貌，语气是那么真诚，以至于每一个听他说话的人都愿意让这样一个懂礼貌的孩子为自己的鞋擦油。他们实在不愿意让一个可怜的孩子感到失望，他们知道这个孩子肯定是一个懂事的孩子，面对这么懂事的孩子，怎么忍心拒绝他呢！

就这样，第一天他就带回家 50 美分，他用这些钱买了一些食品。他知道，从此以后每个人都不需要再挨饿了，母亲也不用像以前那样操劳了，这是他能办到的。

当母亲看到他背着擦鞋箱，带回来食品的时候，流下了高兴的泪水，"你真的长大了，杰克。我不能赚足够的钱让你们过得更好，但是我现在相信我们将来可以过得更好。"母亲说。

就这样，杰克白天工作，晚上去学校上课。他赚的钱不仅为自己交了学费，还足够维持母亲和小妹妹的生活。他知道，"工作不分贵贱，只要是靠自己的劳动赚来的钱就是光荣的"。

⊙靠别人的施舍而生活的人，无法赢得别人的尊重。

靠别人的施舍或者资助而生活的人，无法赢得别人的尊重，而他本人也体会不到劳动的价值和快乐。一个人只有自食其力才能够为自己赢得尊严，因此，青少年要摆脱依赖他人的想法，尝试着用自己的双手来养活自己。

学会自己拿主意

> 我们的忠告是每个人都应该坚持他为自己开辟的道路，不被权威所吓倒，不受别人的观点所牵制，也不被时尚所迷惑。
>
> ——歌德

青少年要培养独立自主的人格，就要学会遇事自己拿主意，而不是处处依赖父母，让他们替自己出主意，做主张。

独立就意味着要青少年遇事能够学会自己拿主意，要敢于坚持自己的想法，而不是总让别人替自己出主意或者是受别人言论的影响。明朝人吕坤特别反对这种做事没主心骨，没主见，只是"依违观望，看人言为行止"的做人毛病。他说，如果做事先怕人议论，做到中间一有人提出反对意见，就不敢再做下去了，这不仅说明这个人没有"定力"，也说明其没有"定见"。没有定见和定力，就不是一个独立自主的人。吕坤说，做人做事，首先要能独立思考，辨明是非，选择正确的立场观点。吕坤进一步说，每个人的想法都不会完全一致，我们不能要求人人的看法都与自己相同。因此我们做事要看我们想达到的目标效果，而不要过于顾虑事前一些人的议论；等你事情做好了，那些议论自然也止息了。即使事情没做成，但只要是正确的，也就是应当作的，论不得成败。

意大利著名女影星索菲娅·罗兰就是一个能够坚持自己的想法的人。她 16 岁时来到罗马，要圆她的演员梦。但她从一开始就听到了许多不利的意见。用她自己的话说，就是她个子太高，臀部太宽，鼻子太长，嘴太大，下巴太小，根本不像一般的电影演员，更不像一个意大利式的演员。制片商卡洛看中了她，带她去试了许多次镜头，但摄影师们都抱怨无法把她拍得美艳动人，因为她的鼻子太长、臀部太"发达"。卡洛于是对索菲娅说，如果你真想干这一行，就得把鼻子和臀部"动一动"。索菲娅可不是个没主见的人，她断然拒绝了卡洛的要求。她说："我为什么非要长得和别人一样呢？我知道，鼻子是脸庞的中心，它赋予脸庞以性格，我就喜欢我的鼻子和脸保持它的原状。至于我的臀部，那是我的一部分，我只想保持我现在的样子。"她觉得不是靠外貌而是应该靠自己内在的气质和精湛的演技来取胜。她没有因为别人的议论而停下自己奋斗的脚步。最终，她成功了，那些有关她"鼻子长，嘴巴大，臀部宽"等议论都消失了，这些特征反倒成了美女的标准。索菲娅在 20 世纪即将结束时，被评为这个世纪的"最美丽的女性"之一。

索菲娅·罗兰在她的自传《爱情与生活》中这样写道："自我开始从影起，我就出于自然的本能，知道什么样的化妆、发型、衣服和保健最适合我。我谁也不模仿。我从不去奴隶似的跟着时尚走。我只要求看上去就像我自己，非我莫属……衣服的原理亦然，我不认为你选这个式样，只是因为伊夫·圣罗郎或第奥尔告诉你，该选这个式样。如果它合身，那很好。但如果还有疑问，那还是尊重你自己的鉴别力，拒绝它为好……衣服方面的高级趣味反映了一个人的健全的自我洞察力，以及从新式样选出最符合个人特点的式样的能力……你唯一能依靠的真正实在的东西……就是你和你周围环境之间的关系，你对自己的估计，以及你愿意成为哪一类人的估计。"

如何创造自己的自主空间

(1) 遇事先自己拿主意。

(2) 尝试着培养独立思考的能力。

(3) 当充满信心去实践自己的主张时，不要太依赖外部的帮助。

(4) 学会从小自己作决定。

索菲娅·罗兰谈的是化妆和穿衣一类的事，但她却深刻地触到了做人的一个原则，就是凡事要有自己的主见，要学会自己拿主意，而"不去奴隶似的"盲从别人。

心理学家认为，一个具有健康人格的人是自由的人，而自由主要体现在这个人能够自主地、有选择地支配自己的行为上。这种自主感不是凭空产生的，其中很大一部分来自少年期对自由支配时间的体验。创造自己的自主空间，可以从下面几方面做起：

(1) 遇事先自己拿主意。遇事先想该怎么办，自己做主，然后再听取父母的意见，从中学到解决问题的经验和技巧，这样才能使智力有所增长，培养自主的能力。

(2) 尝试着培养独立思考的能力。允许自己独自在一定的限度内犯错误，甚至允许做错。但要学会从小独立思考和自我服务。

(3) 当你充满信心去实践自己的主张时，不要太依赖外部的帮助。当你遇到困难时，不要轻易向父母求援或接受他们的帮助，随着你的长大和成熟，既要培养自己的责任心，又要有越来越多的独立性，你可以逐渐减少对父母的依赖和对他们的服从，有更多的自由去管理自己的事情。

(4) 学会从小自己作决定。一旦做出决定，就必须意识到要对选择后果负责任。比如，一个青少年如果在他得到一星期的零花钱的第一天就把它花光了，那么他就必须尝尝那个星期其余几天没有钱的滋味。自主能力往往都是在几次成功与失败的过程中树立起来的，不要太在意失败。

哈佛成功榜

比尔·盖茨 1955 年 10 月 28 日出生在美国西雅图，18 岁进入哈佛大学法律系，19 岁退学，与同伴创办电脑公司，后改名微软公司，自任董事长、总裁兼首席执行官。盖茨被誉为电脑奇才、20 世纪最伟大的计算机软件行业巨人。36 岁成为世界最年轻的亿万富翁。1999 年《福布斯》公布富豪榜，盖茨居世界亿万富翁首位，被《时代》周刊评为在数字技术领域影响重大的 50 人之一。2008 年 7 月宣布退休，并将全部资产捐献给慈善事业。

依赖的习惯，是阻止你步向成功的一个个绊脚石，要想成大事你必须把它们一个个踢开。

——比尔·盖茨

乐观

——积极的心态改变你的世界

哈佛告诉你

　　积极的心态可让你获得成功的人生。决定一个人成功的因素不仅仅是能力，更重要的是能否始终乐观地看待自己周围的事物，身处逆境时能否依然积极乐观地寻找改变逆境的方法。每个人都是自己心灵的主宰，也是自己人生的主宰，面对人生的磨难和挫折，应当时刻保持积极进取的精神，在乐观中汲取继续走向成功的力量。

变更心境就能够变更生活

> 上天给人一分困难时，同时也给人一分智慧。
>
> ——雨果

　　心理学家认为，一个人具有什么样的心态，他就可以成为一个什

⊙一个人具有什么样的心态，他就可以成为一个什么样的人，他就能够拥有一个什么样的人生。

么样的人，他就能够拥有一个什么样的人生。事情往往是这样，你相信会有什么结果，就可能会有什么结果。这说明一个人可以通过变更自己的心境来变更自己的生活。

伟大的心理学家阿德勒究其一生都在研究人类及其潜能，他曾经宣称他发现人类最不可思议的一种特性——"人具有一种反败为胜的力量"。

戴尔·卡耐基讲述了一位叫汤姆森太太的经历，正好印证了这一点。

第二次世界大战时，汤姆森太太的丈夫到一个位于沙漠中心的陆军基地去驻防。为了能经常与丈夫相聚，她搬到那附近去住，那实在是个可憎的地方，她简直没见过比那更糟糕的地方。她丈夫出外参加演习时，她就只好一个人待在那间小房子里。热得要命——仙人掌树阴下的温度高达 125 华氏度（45 摄氏度），没有一个可以谈话的人。风沙很大，到处都有沙子。

汤姆森太太觉得自己倒霉到了极点，觉得自己好可怜，于是她写信给她父母，告诉他们她放弃了，准备回家，她一分钟也不能再忍受了，她宁愿去坐牢也不想待在这个鬼地方。她父亲的回信只有 3 行，这 3 句话常常萦绕在她的心中，并改变了汤姆森太太的一生：

有两个人从铁窗朝外望去，
一人看到的是满地的泥泞，
另一个人却看到满天的繁星。

扫码获取更多资源

她把父亲的这几句话反复念了多遍，忽然间觉得自己很笨，于是她决定找出自己目前处境的有利之处。她开始和当地的居民交朋友。他们都非常热心。当汤姆森太太对他们的编织和陶艺表现出极大的兴趣时，他们会把拒绝卖给游客的心爱之物送给她。她开始研究各式各样的仙人掌及当地植物，试着认识土拨鼠，观赏沙漠的黄昏，寻找 300 万年以前的贝壳化石。

是什么给汤姆森太太带来了如此惊人的变化呢？沙漠没有改变，改变的只是她自己。因为她的态度改变了，正是这种改变使她有了一段精彩的人生经历，她发现的新天地令她既兴奋又刺激。于是她开始着手写一本书，讲述她是怎样逃出了自筑的牢狱，找到了美丽的星辰。

汤姆森太太的故事说明了这样一个朴素的道理：人可以通过改变自己的心境来改变自己的人生。对于身处逆境中的人来说更是如此。

著名的思想家爱默生说过："真正的快乐不见得是愉悦的，它多半是一种胜利。"是的，快乐来自一种成就感，一种超越的胜利，一次用积极心态战胜消极情绪的经历。

身处逆境，积极乐观的人，看什么都是明媚的，而悲观的人看什么都是暗淡的。即使是悲观的人，如果肯动手去创造，也会发现太阳并不总是被乌云遮住的。

企业家卡尔森原是一个身无分文的穷光蛋，但是他从没对自己有一天能成为富翁产生过怀疑。即使在一种十分被动和不利的条件下，他依然能够顽强进取，积极寻找成功的机会。

有一次，卡尔森发现了一个商机。于是他借来钱办了一个制造玩具的小沙漏厂。沙漏是一种古董玩具，它在时钟未发明前用来测每日的时辰；时钟问世后，沙漏已完成它的历史使命，而卡尔森却把它作为一种古董来生产销售。

本来，沙漏作为玩具，趣味性不多，孩子们自然不大喜欢它，因此销量很小。但卡尔森一时找不到其他比较适合的工作，只能继续干他的老本行。沙漏的需求越来越少，卡尔森最后只得停产。但他并不气馁，他完全相信自己能够战胜眼前的困难，于是他决定先好好休息，轻松一下，他便每天都找些娱乐，看看棒球赛，读读书，听听音乐，或者领着妻子、孩子外出旅游。但他的头脑一刻也没有停止开拓的思考。机会终于来了，一天，卡尔森翻看一本讲赛马的书，书上写道："马匹在现代社会里失去了它运输的功能，但是又以高娱乐价值的面目出现。"在这不引人注目的两行字里，卡尔森好像听到了上帝的声音，高兴地跳了起来。他想："赛马骑师用的马匹比运货的马匹值钱。是啊！我应该找出沙漏的新用途！"

就这样，从书中偶得的灵感，使卡尔森精神重新振奋起来，把心思又全都放到他的沙漏上。经过几天苦苦的思索，一个构思浮现在他的脑海：做个限时 3 分钟的沙漏，在 3 分钟内，沙漏里的沙子就会完全落到下面来，把它装在电话机旁，这样打长途电话时就不会超过 3 分钟，电话费就可以有效地控制了。

想好了后，他就开始动手制作。这个东西设计上非常简单，把沙漏的两端嵌上一个精致的小木板，再接上一条铜链，然后用螺丝钉钉在电话机旁就行了。不打电话时还可以作为装饰品，看它点点滴滴落下来，虽是微不足道的小玩意，却能调剂一下现代人紧张的生活。

担心电话费支出的人很多，卡尔森的新沙漏可以有效地控制通话时间，售价又非常便宜。因此一上市，销路就很不错，平均每个月能售出 3 万个。这项创新使原本没有前途的沙漏转瞬间成为对生活有益的用品，销量成倍地增加，面临倒闭的小作坊很快变成一个大企业。卡尔森也从一个即将破产的小业主摇身一变，成了腰缠亿贯的富豪。卡尔森成功了，赚了大钱，而且是轻轻松松，没费多大力气。可是如果他不是一个心态积极的人，如果他在暂时的困难面前一蹶不振，那么他就不可能东山再起，成为富豪。

可见，决定一个人成功的因素不只是他的能力，还要看他是否能够始终乐观地看待自己周围的事物，看他在身处逆境时是否依然能够积极乐观地寻找改变逆境的办法。

一位成功学专家说过，你不可以改变一件已经变糟的事情，但你可以选择快乐地对待它，这样，无论你遭遇什么，你都能够在其中发现乐趣。

彼得拿着刚买的一支牛奶冰激凌，一边走一边吃，感到十分快乐。忽然一不小心，整支冰激凌掉在了地上，和泥沙混在了一起。

彼得愣愣地待在那里，一句话也说不出来，只是睁大了眼睛看着地上的冰激凌。

这时，有个老太太走过来，对彼得说："好吧，既然你碰到这样坏的遭遇，脱下鞋子，我给你看一件有意思的事情！"

老太太说："用脚踩冰激凌，重重地踩，看冰激凌从你脚趾缝隙中冒出来。"彼得照着她的话去做。

老太太高兴地笑："我敢打赌，这里没有一个孩子尝过脚踩冰激凌的滋味！现在跑回家去，把这有趣的经验告诉你妈妈。"

接着，老太太说："要记住！不管遭遇什么，你总可以在其中找到乐趣！"

这件事，使彼得很受启发，他很快学会了这种处世原则。

不久后的一天午后，一场大雨在地面上形成了大大小小的小水坑。彼得的母亲带着他，小心翼翼地避开人行道上的积水。不料，一辆计程车从身边疾驶而过，将两人的身上溅满了水。

彼得的母亲很生气，旁边的彼得却兴奋地对她说："遇水则发，我们要发了。"

正在生气的母亲听到这样可爱的童言稚语，也不禁莞尔一笑，两人快快乐乐地踩着积水回家了。

这个小故事的意义十分深刻：如果你不满意自己的现状，想力求改变它，那么首先应该改变的是你自己，如果你有了积极的心态，能够积极乐观地改善自己的环境和命运，那么你周围所有的问题都会迎刃而解。

在心灵播下快乐的种子

> 当生活像一首歌那样轻快流畅时，笑逐颜开乃易事；而在一切事都不妙时，仍微笑的人，是真正的乐观。
>
> ——威尔科克斯

布雷丝说过，真正的快乐是内在的，它只有在人类的心灵里才能被发现。人是自己心灵的主宰，把负面的情绪从心中扫去，把快乐的阳光迎进来，这样的人生才会有美好的色彩。

有一天，天堂里的上帝和天使们召开了一个会议。上帝说："我要人类在付出一番努力之后才能找到快乐，我们把人生快乐的秘密藏在什么地方比较好呢？"

有一位天使说："把它藏在高山上，这样人类肯定很难发现，非得付出很多努力不可。"

上帝听了摇摇头。

另一位天使说："把它藏在大海深处，人们一定发现不了。"

上帝听了还是摇摇头。

又有一位天使说："我看哪，还是把快乐的秘密藏在人类的心中比较好，因为人们总是向外去寻找自己的快乐，而从来没有人会想到在自己身上去挖掘这快乐的秘密。"

上帝对这个答案非常满意。从此，这快乐的秘密就藏在了每个人的心中。

心理学家指出，每个人都具备使自己快乐的资源，像谦虚、合作精神、积极的态度，还有爱心，这些特质几乎都可以在每个人的身上找到，只是许多人没有把这些"快乐的资源"运用好而已。

　　快乐之根就在我们身上，快乐的秘密就在我们心中，每个人都可以通过改变自己的思想来改变自己的生活。

　　玛丽的生活一直非常忙乱，在亚利桑那大学学风琴，在城里开了一间语言学校，还在她所住的沙漠柳牧场上教音乐欣赏的课程。她参加了许多大宴小酌、舞会，还在星光下骑马。有一天早上她整个垮了，心脏病发作。"你得躺在床上静养一年。"医生对她说。医生居然没有鼓励她，让她相信她还能够健壮起来。

　　在床上躺一年，做一个废人，也许还会死掉。她简直吓坏了。不知道为什么她会碰到这样的事情。可是她还是遵照医生的话躺在床上。她的一个邻居鲁道夫先生，是个艺术家。他对玛丽说："你现在觉得要在床上躺一年是一大悲剧，可是事实上不会的。你在思想上的成长，会比你这大半辈子以来多得多。"她平静了下来，开始想充实新的价值观念。她看过很多能启发人思想的书。有一天她听到一个无线电新闻评论员说："你只能谈你知道的事情。"这一类的话她以前不知道听过多少次，可是现在才真正深入到她的心里。她决心只想那些她能赖以生活的事情——快乐而健康的事情。每天早上一起来，她就强迫自己想一些她应该感激涕零的事情：她没有痛苦，有一个很可爱的小女儿。她的眼睛看得见，耳朵听得到收音机里播着的优美音乐，有时间看书，吃得很好，有很好的朋友。她非常高兴，每天来看她的人多到使医生挂上一个牌子说，她房里每次只许有一个探病的客人，而且只许在某几个钟点里。

　　从那时候开始，到现在已经有 9 年了，她过着丰富又很幸福的生活。她非常感激能在床上度过那一年，那是她在亚利桑那州所度过的最有价值、也是最快乐的一年。她现在还保持着当年养成的那种每天早上算算自己有多少得意事的习惯，这是她最珍贵的财产。她觉得很惭愧，因为一直到她担心自己会死去之前，才真正学会怎样生活。

　　玛丽所学到的这一课正是撒姆耳·约翰博士在 200 多年前所学到的。"养成快乐的习惯，比每年赚 10 万英镑更值钱。"

如何养成快乐的习惯，培养乐观的品格	
让自己获得更多的友谊	你要创造条件让自己建立起良好的人际关系，学会怎样进行愉快融洽的人际交往。
让自己行使更多的自主权	把握生活中的各种机会，自己决定选择什么不选择什么。
调整好心态	当陷入痛苦或忧虑之中时，可以采取听音乐、阅读、骑自行车或与朋友交谈等方法，让自己从失望中振作起来，尽快恢复愉快的心情。
控制自己的物质占有欲	欲壑难填，当一个人物质占有欲太强，就极有可能"欲火焚身"，因此，应正确对待自己的物质追求，控制自己的物质占有欲。
培养广泛的兴趣和爱好	为自己多寻求、开发良好的兴趣和爱好，积极参加各种有益的活动。

除了要养成乐观的习惯之外，我们还应当学会用积极的情绪来代替消极的情绪。心灵上的"杂草"要以"庄稼"来覆盖，那什么是这种庄稼呢？那就是快乐。著名音乐家鲁宾斯坦也曾经遭遇过失败的打击，甚至他还曾经自杀过，幸好没有成功。事后，他反问自己："为什么我要结束生命？"本来人出生时就是一无所有，没有金钱，没有朋友，也没有亲人，什么都没有，就是赤裸裸地来，而再次失去这些，那又有什么好可惜的，得失本无常，何不给自己一片快乐的天空呢？

要不要快乐是自己决定的：生病时可以快乐，穷的时候可以快乐，甚至死的时候也可以快乐，自己为什么要被外在环境所主导呢？从自我追问那一刻开始，要让自己活得快乐，就算没有钱或是永远被人瞧不起，还是要保持快乐。

快乐绝对不是有钱人、聪明人、权势人的权利，也许我们很穷、也不聪明、地位更不高，但这并不妨碍我们体验"自己能拥有的快乐"。生命是乐、生活是乐、生气是乐，贫穷也是乐，一切随缘而乐，但看自己能否体验、享受任何时刻所面对的乐趣。只要你愿意，快乐唾手可得；只要你愿意，生活中任何地方、任何时间都有快乐。

人生之路不会是一路平坦，一定会有坎坷。人生低潮、不如意、有变化的时候，你也可以把它看成另一种快乐的埋藏处，有变化生活才有美丽，只要你愿意，快乐就会永远伴随你。

把消极的情绪从心中消除出去，为心灵播下快乐的种子，这样你的人生才会充满快乐。

每天送给自己一个希望

假如生活欺骗了你，不要悲伤，也不要气愤，在愁苦的日子里要心平气和，相信吧，快乐的日子总会来临。

——普希金

成功学大师拿破仑·希尔说："没有任何东西能够换取希望对于人的价值。当我们面对失败的时候，当我们面对重大灾难的时候，我们都应该将人生寄托于希望，希望能够使我们淡忘自己的痛苦，为我们汲取继续走向成功的力量。"

在一个偏僻的村落里，有一位历尽沧桑的老人。由于命运的安排，她几乎经历了一个女人所能遭遇的一切不幸。然而她却用一颗满盛着希望的心灵演绎了一个幸福美丽的人生。18岁时，她嫁给了邻村的一个生意人，可刚结婚不久，丈夫外出做生意，便一去不返。有人说他死在了响马的枪下，有人说他是病死他乡了，还有传说他被一家有钱人招了养老女婿。当时，她已经怀上了孩子。

丈夫不见踪影几年以后，村里人都劝她改嫁。没有了男人，孩子又小，这寡居生活到什么时候是个头？她没有走。她说丈夫生死不明，也许在很远的地方做了大生意，没准哪一天发了大财就回来了。她被这个念头支撑着，带着儿子顽强地生活着。她甚至把家里整理得更加井井有条。她想，假如丈夫发了大财回来，不能让他觉得家里这么窝囊寒酸。

这样过去了十几年，在她儿子 17 岁的那一年，一支部队从村里经过，她的儿子跟部队走了。儿子说，他到外面去寻找父亲。

不料儿子走后又是音信全无。有人告诉她说儿子在一次战役中战死了，她不信，一个大活人怎么能说死就死呢？她甚至想，儿子不仅没有死，而是做了军官，等打完仗，天下太平了，就会衣锦还乡。她还想，也许儿子已经娶了媳妇，给她生了孙子，回来的时候是一家子人了。

尽管儿子依然杳无音信，但这个想象给了她无穷的希望。她是一个小脚女人，不能下田种地，她就做绣花线的小生意，勤奋地奔走四乡，积累钱财。她告诉人们，她要挣些钱把房子翻盖了，等丈夫和儿子回来的时候住。

有一年她得了大病，医生已经判了她死刑，但她最后竟奇迹般地活了过来，她说，她不能死，她死了，儿子回来到哪里找家呢？

这位老人一直在村里健康地生活着，过了百岁的年龄，她依然还做着她的绣花线生意，她天天算着，她的儿子生了孙子，她的孙子也该生孩子了。这样想着的时候，她那布满皱纹与沧桑的脸上，即刻会变成绚烂多彩的花朵。

希望在任何时候都是一种支撑生命的力量。如果我们不放弃心中的希望，那么苦难都会被我们克服。第二次世界大战时期，在纳粹集中营里，一个叫安的犹太女孩写过这样一首诗：

这些天我一定要节省，虽然我没有钱可节省

我一定要节省健康和力量，足够支持我很长时间

我一定要节省我的神经我的思想我的心灵和我精神的火

我一定要节省流下的泪水

我需要它们安慰我

我一定要节省忍耐，在这些风暴肆虐的日子

在我的生命里我有那么多需要

情感的温暖和一颗善良的心

这些东西我都缺少

这些我一定要节省

这一切，上帝的礼物，我希望保存

我将多么悲伤

倘若我很快就失去了它们

即使在随时都可能死去的时候，安仍然热爱着生命。她节省泪水，节省精神之火，用稚嫩的文字给自己弱小的灵魂取暖，用坚韧的希望照亮黑暗的角落。

很多人在绝望中死去，而这个当时只有 12 岁的小女孩安，终于等到了第二次世界大战结束，看见了新生的曙光。

希望是什么？是引爆生命潜能的导火索，是激发生命激情的催化剂。每天给自己一个希望，我们将活得生机勃勃、激昂澎湃，哪里还有时间去叹息、悲哀，将生命浪费在一些无聊的小事上呢？

每天给自己一个希望，我们就能够充满士气地面对自己的生活，而不是将时间花费在无尽的悲哀和苦闷上，生命有限但希望无限，每天给自己一个希望，我们就能够拥有一个丰富多彩的人生。

有一位医生医术精湛，生活幸福美满，但不幸的是，在某一天，身体一向很健康的他却被诊断患有癌症。这对他可谓当头一棒。他一度情绪低落。最终他不但接受了这个事实，而且他的心态也为之一变，变得更宽容、更谦和、更懂得珍惜所拥有的一切。在勤奋工作之余，他从没有放弃与病魔搏斗。就这样，他平安度过了好几个年头。有人惊讶于他的事迹，就问他是什么神奇的力量在支撑着他。这位医生笑盈盈地答道："是希望，几乎每天早晨，我都给自己一个希望，希望我能多救治一个病人，希望我的笑容能温暖每个人。"这位医生不但医术高明，做人的境界也很崇高。

⊙希望来自于一颗乐观豁达的心。心怀希望的人，无论自己面临多么恶劣的环境，都能够对未来充满希望。

在美国有一所小学，据统计，该校毕业生在当地警察局的犯罪记录最低，这是为什么？一位研究者通过对该校毕业生的问卷调查，得到了一个奇怪的答案——因为该校的学生都知道铅笔有多种用途。

在这所学校，新生入学后接受的第一堂课就是：一支铅笔有多少种用途。在课堂上，孩子们明白了铅笔不仅有写字这种最普通的用途，必要时还能用来做尺子画线；作为礼品送人表示友爱；当作商品出售获得利润；笔芯磨成粉后可做润滑粉；演出时也可临时用于化妆；削下的木屑可以做成装饰画；一支铅笔按相等的比例锯成若干份，可以做成一副象棋，可以当作玩具车的轮子；在野外探险时，铅笔抽掉芯还能被当成吸管喝石缝中的泉水；在遇到坏人时，削尖的铅笔还能当作自卫的武器……

通过这一课，学生们懂得了：拥有眼睛、鼻子、耳朵、大脑和手脚的人更是有无数种用途，并且任何一种用途都足以使一个人生存下去。这种教育的结果是，从这所学校毕业的学生，无论他们的处境如何，都生活得非常快乐，因为他们永远对未来充满希望。

一支小小的铅笔有无数种用途，它可以用来画线，做礼品，做润滑粉，甚至还可以用来自卫。同样，我们身体的每一个部分比如眼睛和耳朵也有许多用途，任何一种用途都可让我们生存下去。明白了这个道理，无论处境如何，我们都可以保持积极乐观的心态。

对自己说"不要紧"

> 失败是变相的胜利，最低潮就是高潮的开始。
>
> ——朗曼罗

一天，一位老教授在王丽所在的班上说："我有句三字箴言要奉送各位，它对你们的学习和生活都会大有帮助，而且可使人心境平和，这 3 个字就是'不要紧'。"

王丽领会到了那句三字箴言所蕴含的智慧，于是便在笔记簿上端端正正地写下了"不要紧" 3 个大字。她决定不让挫折感和失望破坏自己平和的心境。

后来，她的心态遭到了考验。她爱上了英俊潇洒的李刚，他对她很要紧，王丽确信他是自己的白马王子。

可是有一天晚上，李刚却温柔婉转地对王丽说，他只把她当作普通朋友。王丽以他为中心构想的世界当时就土崩瓦解了。那天夜里王丽在卧室里哭泣时，觉得记事簿上的"不要紧"那几个字看起来很荒唐。"要紧得很，"她喃喃地说，"我爱他，没有他我就不能活。"

但第二日早上王丽醒来再看到这 3 个字之后，就开始分析自己的情况：到底有多要紧？李刚很要紧，自己很要紧，我们的快乐也很要紧。但自己会希望和一个不爱自己的人结婚吗？

日子一天天过去了，王丽发现没有李刚，自己也可以生活。王丽觉得自己仍然能快乐，将来肯定会有另一个人进入自己的生活，即使没有，自己也仍然能快乐。

几年后，一个更适合王丽的人真的来了。在兴奋地筹备婚礼的时候，她把"不要紧"这 3 个字抛到九霄云外。她不再需要这 3 个字了，她觉得以后将永远快乐，她的生命中不会再有挫折和失望了。

然而，有一天，丈夫和王丽却得到了一个坏消息：他们曾经投资做生意的所有积蓄，全部赔掉了。

丈夫把信念给王丽听了之后，她看到他双手捧着额头。她感到一阵凄酸，胃像扭作一团似的难受。王丽又想起那句三字箴言："不要紧。"她心里想："真的，这一次可真的是要紧！"

可是就在这时候，小儿子用力敲打他的积木的声音转移了王丽的注意力。儿子看见妈妈看着他，就停止了敲击，对她笑着，那副笑容真是无价之宝。王丽把视线越过儿子的头往窗外望去，她看到了生机盎然的花园和晴朗的天空。她觉得自己的胃顿时舒展，心情也恢复了。于是她对丈夫说："一切都会好起来的，损失的只是金钱。实在'不要紧'。"

生活中有很多突发的变故，会给我们的心灵带来巨大的压力，很多人会因为这些压力而变得一蹶不振，甚至会因此而失去生活的勇气。事实上，很多问题并不像我们想象的那么严重，面对这些人生的狂风暴雨，如果我们能够尝试着对自己说"不要紧"，时刻保持积极的心态，那么这些人生困难最终都将过去。

有一天，唐娜接到国防部的电报，说她的侄儿——她最爱的一个人，在战场上失踪了。

唐娜的心一下子就悬了起来，原本开朗达观的她变得焦虑不安，茶饭不思。过了不久，她又接到了阵亡通知书。接到通知书的那一刻，她觉得自己的整个世界都蹋陷了。

在此之前，唐娜一直觉得命运对自己很

⊙时刻保持积极的心态，人生的困难最终都将过去。

好。她说:"伟大的上帝赐给我一份喜欢的工作,又让我顺利地抚养大了相依为命的侄儿。在我看来,我侄儿代表着年轻人美好的一切。我觉得我以前的努力,现在都应该有很好的收获……"

然而,现在却来了这样一份电报,她的整个世界都被粉碎了,她觉得再也没有什么值得让自己活下去的了,她找不到继续生存下去的借口。她开始忽视她的工作,忽视她的朋友,她抛开了生活的一切,对这个世界既冷淡又怨恨。"为什么我最爱的侄儿会死?为什么这么个好孩子——还没有开始他的生活就离开了这个世界?为什么他会死在战场上?"她觉得自己没有办法接受这个事实。她悲伤过度,决定放弃工作,离开家乡,把自己藏在眼泪和悔恨之中。就在她清理桌子准备辞职的时候,突然看到一封她已经忘了的信——一封她的侄儿生前寄来的信,当时,他的母亲刚刚去世。侄儿在信上说:"当然我们都会想念她的,尤其是你。不过我知道你会平静度过的,以你个人对人生的看法,就能让你坚强起来。我永远不会忘记那些你教给我的美丽的真理。不论我在哪里生活,不论我们分离得多么遥远,我永远都会记得你的教导。你教我要微笑面对生活,要像一个男子汉,要承受一切发生的事情。"

唐娜把那封信读了一遍又一遍,觉得侄儿就在自己的身边,正在对自己说话。他好像在对自己说:"你为什么不照你教给我的办法去做呢?坚持下去,不论发生什么事情,把你个人的悲伤藏在微笑下面,继续生活下去。"

侄儿的信为唐娜带来了很大的安慰和鼓舞,她不再对周围的一切充满敌视,不再对别人的冷淡无礼,她又像以前那样充满希望地投入到工作中去了。她一再对自己说:"事情到了这个地步,我没有能力改变它,不过我能够像他所希望的那样继续活下去。"

唐娜把所有的思想和精力都用在工作上,她写信给前方的士兵——给别人的儿子们;晚上,她参加成人教育班——要找出新的兴趣,结交新的朋友。她几乎不敢相信发生在自己身上的种种变化。她说:"我不再为已经过去的那些事悲伤,现在我每天的生活都充满了快乐——

就像我的侄儿要我做到的那样。"

问题的关键不在于发生了什么事情，而在于我们怎样看待发生在自己身上的事情。无论发生了什么事情，你都必须接受既定的事实，把个人的悲伤掩藏在微笑下面，平静地继续生活，因为无论发生多么难以承受的事情，随着时间的推移都会变得微不足道，无论多么深的痛苦和挫折，这一切都会成为过去。

哈佛成功榜

林语堂（1895～1976年），福建龙溪（现福建漳州）人。原名和乐，后改玉堂，又改语堂。1912年入上海圣约翰大学，毕业后在清华大学任教。1919年秋赴美就读哈佛大学文学系，1922年获文学硕士学位。同年转赴德国入莱比锡大学，1923年获博士学位后回国，任教于北京大学、北京女子师范大学。1924年后为《语丝》主要撰稿人之一。1926年到厦门大学任文学院长写杂文，并研究语言。1932年主编《论语》半月刊。1934年创办《人间世》，1935年创办《宇宙风》。1935年后，在美国用英文写《吾国与吾民》、《京华烟云》、《风声鹤唳》等文化著作和长篇小说。1947年任联合国教科文组织美术与文学主任。1966年定居台湾。1967年受聘为香港大学中文研究教授。1975年被推举为国际笔会副会长。1976年在香港逝世。

人生世上如岁月之有四时，必须要经过这纯熟时期……须知秋天的景色更华丽，更惊奇，而秋天的快乐有万倍的雄壮、惊奇、华丽。

——林语堂

坚韧

——在充满荆棘的道路上奋进

 哈佛告诉你

挫败是成长的阶梯，困境是人生的另一所大学。一个生前没有经历过困难的人，其生命是不完整的。一个人的成长，就是经历一连串的磨难和考验的过程，迎接并克服磨难，才能拥有足够的力量和智慧。青少年要成为未来社会的强者，就应当在生活中磨炼自己坚韧的意志力，把不幸和困难当成自己人生最好的教材。

挫折是大自然的计划

古之立大事者，不唯有超世之才，亦必有坚忍不拔之志。

——苏轼

我们深信，挫折是大自然的计划，大自然就是通过这种方法，来考验人类，促使人们在磨难中不断成长。大自然偏爱那些努力奋斗的孩子，把高尚的品格、瞩目的成就和优越的地位作为他们战胜挫折的回报。

困境是人生的另一所大学。我们常常羡慕那些含着金汤匙出生的人，他们的老爸不是某某某，就是认识某某某。他们有钱有势，连上学都坐宝马车。

这些当然值得人们称羡，其实你自己也有令人羡慕的地方，如果你能把生活中的困境和挫折当成一个磨炼自身意志和成长自我的机会的话。

从前有一对夫妻，结婚多年一直没有孩子。或许是他们的诚心感动了老天，婚后的第十年，太太竟意外怀孕，生了个儿子。

夫妻俩整日开心得合不拢嘴，为孩子取名叫阿龙，希望他将来功成名就，成为人中之龙。

小阿龙长得白白胖胖，一副讨人喜欢的模样，他是父母眼中的宝贝，父母把他无微不至地捧在手心里，舍不得让他遭受到任何一点伤害。

"孩子，走路时记得要看着脚下，当心别跌倒了。尤其是在瓷砖地板上走路，那上面又湿又滑，特别容易滑倒。还有，走山路时也要看脚下，一不小心踩滑了，说不定你会从山顶上摔下去的。"父母预想了各种状况，总是对阿龙谆谆教诲，不希望孩子发生意外。

这对慈祥的父母在阿龙 25 岁那年先后去世了。言犹在耳，阿龙没有忘记父母亲千交代、万叮咛的嘱咐，时时刻刻都遵循着父母的指示：当他在街上走路，在山上踏青，在春天的草原里漫游，在神秘的森林里踌躇时，他都小心翼翼地注意不让自己被任何东西绊倒。

从小到大，他几乎从来没有跌倒过，也从来没有扭伤过，更没有碰伤过头，就连踏到水坑的机会也没有。

只是，这样的步步小心并没有使他步步高升，他一直专注于自己的脚下，无论是蓝色的天空、明亮的彩霞，或是闪烁的星星、城市的灯火、人们的笑容，对他而言都只是惊鸿一瞥的影像，他从来不曾凝神留心地细看过。

终其一生，阿龙并没有功成名就，成为人中之龙。他最大的成就，充其量只是从未摔倒而已。

大自然让人们在奋斗的过程中不断成长、壮大与进步。未经磨难，一个人是不可能成功的。

一个人从生到死，就是经历一连串的成长与考验的过程，并从每一次面对挑战的经验中累积智慧。

爱默生说过："放手去做，你就会有力量。"

迎接磨难并予以克服，你就会拥有所需的足够力量与智慧。如果一个人总是生活在一帆风顺的环境中，没有经历过挫折的磨炼和洗礼，就好像温室里的花朵，一旦脱离了优越的成长环境，就会面临自下而上的困境。

森林中最强壮的树木，并未受到严密的保护，它们必须和环境搏斗，和周围的树木争夺养分才得以生存。

汤姆的祖父以制作马车为生。每回整地播种时，他总会留下几棵橡树，任凭它们在空旷的田地里承受风吹雨打。他这样告诫汤姆：

"那些大自然里努力求生存的橡树，比森林里受到保护的同伴更坚实，更具韧性。祖父用那些饱经风霜的橡木制作车轮，弯成弧形的零件，却不担心橡木会断裂。因为它们受过磨难，有足够的力量承受最沉重的负担。

"磨难同样可以强化人们的意志。大多数的人希望一生平坦顺利，然而，未经磨难与考验，往往会庸庸碌碌过一生。

"我们勇于面对逆境，努力奋斗，才会有更多机会。

"磨难迫使我们前进，否则我们将停滞不前；它引导我们通过考验，获得成功。未经磨难，无法得到任何有价值的东西，简单的事情每个人都可以做到。每一个成功的人，在生活中都经过一番奋斗。人生是不断奋斗的过程，勇于面对困难，克服困难，继续迎接下一个挑战的人，就是最后的赢家。"

汤姆祖父的话指出了挫折在我们人生成长过程中的意义。苦难是人生的大学，挫败是成长的阶梯。伟大人物无一不是由苦难而造就的，一个人如果好逸恶劳，就无法战胜困难，也绝不会有什么前途。一个成功人士说："生前没有经历困难的人，他的生命是不完整的。"

⊙苦难是人生的大学，挫败是成长的阶梯。

困境好像运动器械，可以锻炼人，使人体格强健，所以，困境是我们成就事业最有利的基础。安德鲁·卡内基说："一个年轻人最大的财富莫过于出生于贫穷之家。"困境本是困厄人生的东西，但经过奋斗而脱离困境，便是无比的快乐。

在困难面前你需要重新站起来

如果我们被打败了，我们就只有从头干起。

——恩格斯

青少年在成长过程中难免会遇到挫折和困难，在困难面前跌倒是很正常的。关键是你能否重新从挫折中站起来，不被困难所击垮。能够承受一次次困难和挫折的人才能够坚持到底，取得胜利。

在一则报道中有这么一个故事：有一群登山爱好者准备征服一座海拔6000米的高山。于是，他们组成一个小分队扎营在海拔2000米的山脚等待天气好转。他们当中有些是专业性的登山运动员，体魄健壮，经验丰富。

天终于晴了，微风轻吹，队员们开始行动起来，由经验丰富的队员带领出发了。

在攀登者脚下，高山有种被驯服般的宁静，只有峰顶的冰川在阳光下闪着迷人的光辉。每个登山者都沉浸在攀登的乐趣中。他们用手提电台与基地保持着联系，不时地向遥远的家中通话，向亲人叙述他们在高山上所见的美景。

正当他们慢慢接近主峰的时候，灾难悄悄降临了。突然间，乌云翻滚，狂风肆虐，气温骤降。几个经验丰富的登山运动员知道情况不妙，要求大家全力返回。可是，由于在路上逗留时间过长，夜已慢慢逼近，按经验他们已无法下山，只能等营救人员前来。狂风怒吼而来，许多队员的衣服被风撕破，手套也脱落了……

祸不单行的是，有位队员的腿部被飞石击中，出了大量的血，伤员痛苦地呻吟着。

风越吹越大，严寒也随之降临。伤员极其痛苦地喊："我冷，我冷……"血流出后很快便结成冰。有一个登山者说："现在天色尚未全黑，让我来背他下山，或许他会有救。"

"你这是去找死，营救人员马上会来的。"众人劝他。可是，他还是背起伤员努力向山下走去。

夜幕降临了，山上起了暴风雪，营救人员根本无法上山。第二天，营救人员发现在原处等待救援的人们紧紧挤在一起，已经僵硬了。救援人员在海拔4000米的地方发现伤员和背着他的人，竟然还活着。

营救人员说在这种天气下能存活下来简直是奇迹。他们分析原因后断定，他们之所以能活着，是因为他们一个晚上都没有停止过高强度的运动。

在困难面前摔倒是难免的，最关键的是你能否重新站起来，并且承受一次又一次的摔倒。即使遭受挫折、失败或迷惘，只要坚持到底，就能取得胜利。

作为电影制片人，鲍勃可谓是一帆风顺。

鲍勃若是满足于做制片人，也许他真会一帆风顺。然而，他认为，做制片人还不能充分发挥他的才能和创造性。在好莱坞，真正的荣耀属于导演。

他执导了一部片子，评论界众说纷纭，票房很低。导演鲍勃可不像制片人鲍勃那样受人欢迎了。失败接二连三地向他袭来。

1 年之内，电影砸锅，朋友抛弃他，婚姻破裂。他从加利福尼亚逃到纽约，过起了隐姓埋名的生活。他疯狂地寻找新的根基，倾家荡产买下了一个套房。"我完全垮了。"他说。

他坐在纽约的套房里，陷入了冥思苦想。面对生活与事业的双重打击，他决定偃旗息鼓，他获得了安宁。

对于鲍勃和那些有成就的人来说，关键是要控制局面。但是，失败使他完全失控了。也许他没有必要控制，也许他可以改变，也许改变了会更幸福。

最后，鲍勃重新回到了洛杉矶，回到他失败的地方。他怀揣着从未有过的谦卑感回去了。一切都得重新开始，一种完全不同的自我意识支持着他。

他放下面子，从低级的活开始干。"我得倒退 3 步，才能前进 4 步。倒退虽然痛苦，却必不可少。"

鲍勃最终还是重登好莱坞的顶峰，这一次，他既非制片人，亦非导演，而是电影公司的董事。

鲍勃知道自己是幸存者。

鲍勃现在是轻装上阵。他的价值观非常明确。也许，他会遇到更多的挫折，但他绝不低头。在他看来，成功并不在于重新当上电影公司的总裁，而在于审视自己生活的这一过程。他将这一精神旅程视为最大的成就。

看着鲍勃的精神之旅，你会明白"我完全垮了"对鲍勃来说是错误的，而对你来说，也是——错误的。

"失败了再爬起来"，看起来是一句鼓舞克服危机者最好的话，但是要真正实现起来，需要的是自我鼓励的品质和勇气。有无这种品质和勇气，直接决定了谁是一个危机者，谁是一个优势者。更为主要的是能在挫败之时看到站起来的希望！

梅西 14 岁的时候来到美国，因为他从 7 岁起就跟着裁缝师学缝纫，所以到了美国之后，很顺利地就在一家裁缝店中找到了工作。

到了18岁时，梅西决定要成立一家属于自己的店。

于是，他和弟弟及其他合伙人共同买下了一间礼服店，他信心十足地把所有的积蓄都投资在这里。但是，接下来发生的许多事情，却不断地考验着梅西开店的决心。

先是在即将开业的前一天晚上，小偷偷走了将近8万美元的存货；接下来他再度进的货，又在一场意外的大火中付之一炬。

后来，他才发现保险经纪人欺骗了他，根本没有把他支付的保险费支票交给保险公司，所以这场火灾等于没有保险。

更惨的是，可以证明公司存货内容和价值的一位重要证人，却正好在这个时候去世了。

接二连三的打击实在让梅西受够了，他决定到别的裁缝店工作。但是，过了没多久，他渴望拥有自己事业的欲望又开始蠢蠢欲动了起来。

于是，他再度鼓起勇气，开了一家裁缝兼礼服出租店。这一次，他决定多采纳别人的意见，但在大方向上他依然坚持自己作决定。因为，他始终相信：如果因此跌倒了，是自己的选择；如果站了起来，那也是靠自己站起来的。

因为梅西坚持着这个信念，所以不久之后，他的"法兰克礼服出租店"终于成为底特律的知名店铺。

梅西的经历告诉我们，当人生出现挫折和困难时，只要我们坚定成功的信念，不被失败击垮，那么最后等待我们的必将是成功。

昭和四年，日本经济遭遇前所未有的大恐慌。工厂接二连三裁员倒闭，劳资纠纷不断发生。

松下电器自然也受到经济衰退的波及。原本因为国际牌电灯的快速畅销，不断扩展事务导致员工人数激增，但在不景气的狂风吹袭下，销售量急速锐减，库存已到了满山满谷的地步。这时松下又因病住院，公司交由义弟井植看管。井植等决策阶层在董事会议中都认为，要想渡过这个难关，除了大量裁员之外别无他策，既然销售量减少到以往的1/2，那么只有裁去现有员工的1/2才可以维持公司生存。

但是松下对此提议大加反对，在不服输的精神的感召下，他毅然决定采取缩短工时数的策略。"如果每位员工的工作时数减半，则生产量自然只剩下以往生产额的1/2，但是每个人都还可以保有工作。希望每一位员工把剩下的半天时间用在推广产品销售的工作中，以解决存货的过度积压。"由于每个人都可以继续放心工作，并且收入还受到保证，因此全体员工都团结一致，奋发向上，开始为了公司的前景而努力。结果在极短的时间内，库存商品销售一空，大家又重回岗位上致力生产，终使松下企业转危为安。之后还向合成树脂业进军，并开发生产收音机，奠定了后来松下企业发展的基础。

⊙鼓起勇气面对现实，就会扭转乾坤，转危为安。

所以，不管遭遇什么危险，切勿心生怯意，意图逃脱。鼓起勇气面对现实，就会扭转乾坤，转危为安。

用行动反击失败

生活好比橄榄球比赛，原则就是奋力冲向底线。

——富兰克林·罗斯福

在拿破仑的传记作品里，曾经记载过这样一个故事：

那是在马林果战役的前夕，拿破仑坐在营帐里，凝视着面前摊开的一张意大利地图。他把4枚钉子按在地图上，一边挪动钉子，一边思考着。

过了一会儿，他自言自语道："现在一切部署好了，我要在这里抓住他！"

"抓住谁？"身旁的一个军官问道。

"墨拉期，奥地利的老狐狸，他要从热那亚回来，路过都灵，进攻亚历山大里亚。我要渡过波河，在塞尔维亚平原迎着他，就在这儿打败他。"拿破仑的手指向马林果。

但是，马林果战役打响后，法军受到敌军强有力的抵抗，只剩招架之力，拿破仑精心筹措的胜利眼看就要成为泡影。

正在法军败退之际，拿破仑手下的将领德撒带着大队骑兵驰过田野，停在拿破仑站着的山坡附近。队伍中有一个小鼓手，他是德撒在巴黎街头收留的流浪儿，在同埃及和奥地利的战役中一直跟随法军作战。

当军队站住时，拿破仑朝小鼓手喊道："击退兵鼓。"

这个孩子却没有动。

"小流浪汉，击退兵鼓！"

"小流浪汉，击退兵鼓！"

孩子拿着鼓槌向前走了几步，朗声说道："啊，大人，我不知道怎么击退兵鼓，德撒从来没有教过我。但是我会击进军鼓，是的，我可以敲进军鼓，敲得让死人都排起队来。我在金字塔敲过它，在台伯河敲过它，在罗地桥又敲过它。啊，大人，在这里我也敲进军鼓么？"

拿破仑无可奈何地转向德撒："我们吃败仗了，现在可怎么办呢？"

"怎么办？打败他们！要赢得胜利还来得及。来，小鼓手，敲进军鼓，像在台伯河和罗地桥一样敲吧！"

不一会儿，队伍随着德撒的剑光，跟着小鼓手猛烈的鼓声，向奥地利军队横扫而去，他们不惜流血牺牲，把敌人打得一退再退。德撒在敌人的第一排子弹中就倒下了，但是队伍并没有动摇。当炮火消散时，人们看到那小流浪儿走在队伍最前面，笔直地前进，仍旧敲着激昂的进军鼓。他越过死人和伤员，越过营垒和战壕，他的脚步从容不迫，鼓声激昂有力，他以自己勇敢无畏的精神开辟了胜利的道路。

这个故事告诉我们，不管失败的打击有多大，都不应该畏缩不前，而是应该显出高傲的姿态，以一种胜利者的态度去迎战，然后，做棒球史上最伟大的投手弗兰克在他经受臂伤时所做的事——反击。

⊙ 不管阻力有多大，都不应该畏缩不前，而是应该显出高傲的姿态，以一种胜利者的姿态去迎战。

"我是 1974 年为洛杉矶道奇队打一场夜间比赛时受伤的，那个赛季我拥有一个棒球选手所能梦想的最佳状况——我是那年全国联赛的头号投手，即将赢得参赛以来的第 20 场胜利，球队也将打进世界系列赛。男孩子所有的梦想，都将在我身上实现。突然间，我站上投手板，砰的一声，什么都完了。

"我韧带断了，所有投手最怕肘部受伤，因为手术常常意味着投手生涯的终结。我需要进行的手术，是任何主要大联盟的投手都没有做过的，但我知道要想继续打球，就别无选择。

"1974 年 9 月 25 日，布兰克·乔布医生给我做了手术，复原的过程极为缓慢。我问医生：'我有没有机会再投球？'他们回答说：'有 1% 的机会。'但他们对我太太玛丽更坦白，说：'你的工作就是要鼓励弗兰克，想想他将来要做什么，因为他的投球生涯恐怕已经结束了。'

"一个星期天，我手裹着石膏，带着在我手术后两天才出生的漂亮女儿，坐在教堂里听牧师布道。牧师讲道的内容是有关亚伯拉罕和他的妻子莎拉的，莎拉在七十几岁时才受上帝祝福，怀了第一胎。

"牧师读着圣经的故事，抬起头说：'你知道，与上帝同在，没有不可能的事。'他说话的时候就看着我，我抬头看他，他微笑着，我在圣经的这句话上做了记号，这正是我需要听的。

　　"16个星期之后，我拆掉石膏，手指萎缩得很厉害，我太太说看起来很像鸡爪。手臂瘦弱无力，好像是90岁的老人。要抓东西，还得把手指头扳过去。连切切肉、开开门都办不到。玛丽用婴儿油帮我擦肌肤时，我的皮肤会一块块剥落在她手上。

　　"在康复阶段，我把大量的时间花在体育场里。在球场上，教练为我实施一系列严格的训练，帮助我强健肌肉。

　　"复原进展极为缓慢。有一天，我记得从球场回家，把手放在背后，告诉玛丽，要给她一个惊喜。她以为我在开玩笑，想可能是死蜥蜴之类的东西，但当我慢慢把左手从背后伸出来弯着小指去碰拇指时，我们互相拥抱，跳来跳去，高声欢叫。这是我第一次能移动手指，感觉就好像得到10万元奖金似的，因为这表明那些肌肉终于康复了。

　　"当我不和教练一起练习的时候，就和球队一起出去，坐在本垒板后面比划投球动作，尽量为球队做我可以做的事。我告诉道奇队的老板彼得·欧麦里说：'我在康复，不能投球，但我愿帮忙做任何事情。'

　　"其他球队的球员、教练、领队都问我：'你真的以为你可以让那只手臂复原，让它再度看起来像是投球的手吗？'我回答他们：'我坚信。'

　　"复原是一段漫长、艰辛的过程，在一年半的时间里，除了周日，我每天都坚持练习。然而我真的恢复了，手术后主投的球赛，比以前还要多，并且代表扬基队在世界锦标赛中出场。

　　"许多人看到我，会摇头感叹我是那么坚定果敢，尽最大的努力。这或许是我家乡威尔斯的传统，或许是其他什么因素，但我喜欢证明别人的谬误。"

　　弗兰克的成功说明了这样一个道理：行动是扭转不利局面的唯一途径。人生就好比是一个大的赛场，你像弗兰克一样也会面临很多意想不到的挫折和困难，但是如果你能像弗兰克那样用坚忍的毅力和不懈的行动去反击失败，改善困境，那么就会和弗兰克一样，克服困难，获得最后的胜利。

用笑脸迎接挫折

让我不要祈求免遭危难，而是让我能大胆地面对它们。

——泰戈尔

困难和挫折是人生中不可避免的。有的人成功了，是因为他们能够坚强地面对，而有的人失败了，是因为他们面对困难一蹶不振，失去了继续拼搏的勇气。伟大的发明家爱迪生说过，厄运对乐观的人无可奈何，面对厄运和打击，乐观的人总会选择笑脸迎接挫折。

琼妮小姐是新西兰一位建筑商的女儿，移居美国后，曾在休斯敦一家电视台工作，1990 年起任 CNN 摄影记者。1992 年 6 月，她被派往萨拉热窝进行战地采访。在那里，曾有多名记者丧生。

琼妮在萨拉热窝逗留 6 个星期后，已经习惯周围的流弹。一天清早，一颗子弹击穿车玻璃，正好击中她的脸部，几乎掀掉了她的半边脸，她的颧骨被打得粉碎，牙齿没有了，舌头被打断。送到诊所时，大夫们直摇头，认为她不行了。但经过 20 多次手术后，她又奇迹般地回到了工作岗位。这时的她，下腭仍无感觉，脸部还留着弹片，体重减轻了 8 千克。令大家吃惊的是，她要求重返萨拉热窝。

她幽默地说："说不定我还能在那里找回我的牙齿。"她甚至想认识一下当初袭击她的枪手。

有人问她，见到那个枪手后怎么办。她说："我会请他喝一杯，问他几个问题，比方说当时距离有多远。"

琼妮面对厄运的乐观态度证明她是一个具有坚韧毅力的女孩，正是这种乐观的性格，使她能够迅速摆脱挫折的阴影，积极地投入到新的工作中去。

　　和琼妮一样，杰克也是一个具有超强乐观精神的人。他的心情总是特别好，而且对任何事情总是有正面的看法。当有人问他近况如何时，他总是回答："我快乐无比。"每当有不愉快的事情发生时，杰克都会对自己说："杰克，你可以选择成为一个受害者，也可以选择从中学些东西。"每一次他都会选择从中学习。

　　有一天，杰克出事了。他清晨出去锻炼时，忘记了关门。他回来时发现有3个人正在他家偷窃，其中一个歹徒因为紧张而对他开了枪。幸运的是，歹徒匆忙离开了，好心的邻居迅速把杰克送进了急救室。经过18个小时的抢救和几个星期的精心照料，杰克出院了。

　　事情发生后6个月，一个朋友去看杰克，问他近况如何，他答道："我快乐无比。想不想看看我的伤疤？"朋友弯下腰看了看他的伤疤，问道："当歹徒来时，你想些什么？"

　　"第一件在我脑海中浮现的事是，我应该关好门。"杰克答道，"当我躺在地上时，我对自己说：有两个选择，一是死，一是活。我选择了活。"

　　"你不害怕吗？你有没有失去知觉？"朋友又问道。

杰克回答说："医护人员都很好。他们不断告诉我，我会好的。但当他们把我推进急诊室后，我看到他们脸上的表情，从他们的眼中，我读到了'他是个死人'。我知道我需要采取一些行动了。"

"你采取了什么行动？"朋友紧追不舍地问。

"有个很可爱的护士大声问我问题，她问我有没有对什么东西过敏。我马上答：'有的。'这时，所有的医生、护士都停下来等着我说下去。我深深地吸了一口气，然后大声说道：'子弹！我对子弹过敏！'在一片大笑声中，我又说道：'我选择活下去，请把我当活人来医治，而不是死人。'"

杰克活了下来，一方面要感谢医术高明的医生，另一方面得感谢他那惊人的乐观态度。

我们也许不会遇到像杰克和琼妮那样的厄运，但是我们在成长和生活过程中也会遇到各种障碍、困难，遭遇很多失败、痛苦。在挫折面前，有的人会出现暴怒、恐慌、悲哀、沮丧、退缩等情绪，影响了学习和工作，损害了身心健康。而有的人却能够像杰克、琼妮那些乐观的人一样笑对挫折，对环境的变化做出灵敏的反应，善于把不利条件化为有利条件，摆脱失败，走向成功。

安德鲁是一个年过 60 岁的老人，他自认为他是一个遭受失败最多的人。他是一个热衷于石油的开采者，他说他一生中每打 4 口井，就有 3 口是枯井。可是他依然从逆境中走了出来，成了一个身价超过 2 亿美元的富翁。安德鲁自己回忆说："当年我被学校开除后，就跑到得克萨斯的油田找了一份工作。随着经验的逐渐丰富，我便想当一名独立的石油勘探者。那时候，每当我手里有钱了，我就自己租赁设备，进行石油勘探。在连续的两年里，我一共开采了将近 30 口井，但全部都是枯井。当时，我真的失望极了。"安德鲁的确陷入了困境，都要接近 40 岁了，他依然一无所获。但是，他不但没有被逆境难倒，反而更加勤奋努力。他开始研读各种与石油开采有关的书籍，吸取了丰富的理论知识。等理论知识掌握得非常充分的时候，他便卷土重来，租好设备，找好地皮，又一次进行石油开采。这一次他没有遇到枯井，而是汩汩直冒的石油。

安德鲁正是由于积极乐观地面对逆境，没有对现实失去信心，才取得了成功。由此可见，在逆境面前，充满希望才能有机会取得成功。

乐观的人在遭受挫折打击时，仍坚信情况将会好转，前途是光明的。其实，谁都有面临困难与逆境的时候，关键是看我们怎样处理。有些人在逆境中永远消极，成为一个永远的失败者；而有些人却能够积极地面对逆境，冲出重围，走向成功。

卡耐基认为，逆境在人生中是不可避免的。既然逆境是不能避免的，那就让我们从逆境中找到动力吧，让逆境成为推动我们走向成功的动力。我们应该将逆境视为成功的预兆。卡耐基说过："困难与挫折其实是上天故意安排来考验我们的，其实，它就是成功的化身。成功与失败把握在我们自己手中。"

因此，面对苦难和挫折，你要抬起头来，笑对它，相信"这一切都会过去，今后会好起来的"。希望是不幸者的第二灵魂。向往美好的未来，是困难时最好的自我安慰。在多难而漫长的人生路上，我们需要一颗健康的心，需要绚烂的笑容。苦难是一所没人愿意上的大学，但从那里毕业的，都是强者。

在挫折面前多坚持走一步路，多坚持一分钟，也许你就会发现自己已经站在了成功的大门前。

为成功付出耐心

耐心是一切聪明才智的基础。

——柏拉图

耐心可以创造奇迹。荀子曾在《劝学篇》中写道："锲而舍之，朽木不折；锲而不舍，金石可镂。"这句话告诉我们无论困难多么大，只要我们有坚忍不拔、锲而不舍的精神，就能够战胜困难，创造奇迹。

多年以前，美国曾有一家报纸刊登了一则园艺所重金征求纯白金盏花的启事，在当地引起一时轰动。高额的奖金让许多人趋之若鹜，但在千姿百态的自然界中，金盏花除了金色的就是棕色的，能培植出白色的，不是一件易事。所以许多人一阵热血沸腾之后，就把那则启事抛到九霄云外去了。

一晃就是 20 年，一天，那家园艺所意外地收到了一封热情的应征信和一粒纯白色金盏花的种子。当天，这件事就不胫而走，引起轩然大波。

寄种子的原来是一个年已古稀的老人。老人是一个地地道道的爱花人，当她 20 年前偶然看到那则启事后，便怦然心动。她不顾 8 个儿女的一致反对，义无反顾地干了下去。她撒下了一些最普通的种子，精心侍弄。一年之后，金盏花开了，她从那些金色的、棕色的花中挑选了一朵颜色最淡的，任其自然枯萎，以取得最好的种子。次年，她又把它种下去。然后，再从这些花中挑选出颜色更淡的花的种子栽种……年复一年。终于，20 年后的一天，她在那片花园中看到一朵金盏花，它不是近乎白色，也并非类似白色，而是如银如雪的白。一个连专家都解决不了的问题，在一个不懂遗传学的老人手中迎刃而解，这不是一个只有靠耐心才能创造的奇迹吗？

17 世纪，在荷兰和德尔夫特镇，有一个只有初中文化程度的青年农民。他找到的差事就是为镇政府守大门，而且在这个门卫岗位上一干就是 60 多年，一生中足不出小镇，也没有换过其他的工作。

这位青年业余时间一不下棋打牌，二不去泡酒馆聊天，而是选择了打磨镜片。虽然又费时又费工，可他却乐此不疲。就这样不停地磨呀磨呀，一直磨了 60 年。其中的艰辛、枯燥和乏味是可想而知的，如果没有决心和毅力，坚持下去谈何容易。

由于他的专注细致和锲而不舍，磨出的复合镜片的放大倍数超过了当地的专业技师。凭借自己研磨的镜片，他研制出了显微镜，终于揭开了当时科技尚未知晓的微生物世界的"面纱"。结果名声大振，英国皇家学会聘他为会员。英国女王访问荷兰时，还专程到小镇拜访过他。

创造这个奇迹的是谁呢？他就是荷兰著名科学家万·列文虎克。

著名的数学家华罗庚先生说过："科学上没有平坦的大道，真理的长河中有无数礁石险滩。只有不畏攀登的采药者，只有不怕巨浪的弄潮儿，才能登上高峰采得仙草，深入水底觅得骊珠。"一个人要取得成功，除了要有勇气有胆魄之外，还需要锲而不舍的耐心和毅力。

维勒是一位著名的推销大师，一生曾创造了无数个销售上的奇迹。因为年龄大了，即将告别自己的职业生涯，应人们的邀请，他将做一场演说。

演说在市中心的一个体育场内进行。这天，会场上座无虚席，人们在热切地、焦急地等待着。大幕徐徐拉开，舞台的正中央吊着一个巨大的铁球。为了支起这个铁球，台上搭起了高大的铁架。维勒在热烈的掌声中走了出来，站在铁架的一边。他穿着一件红色的运动服，脚下是一双白色胶鞋。

这时，两位工作人员抬来一个大铁锤，放在维勒的面前。主持人邀请两位身体强壮的听众到台上来，维勒请他们用大铁锤去敲打那个吊着的铁球，直到使它荡起来。

年轻人抡起大锤奋力向那吊着的铁球砸去，一声震耳的响声后，吊球动也没动。他们用大铁锤接二连三地砸向吊球，很快就气喘吁吁，可还是未能将铁球打动。

会场寂静无声，这时，维勒从上衣口袋里掏出一个小锤，然后开始认真地面对着那个巨大的铁球敲打。他用小锤对着铁球"咚"地敲了一下，然后停顿一下，再用小锤敲一下。人们奇怪地看着，维勒"咚"地敲一下，然后停顿一下，就这样持续地敲着。

10分钟过去了，20分钟过去了，30分钟过去了，会场早已开始骚动。

维勒仍然一锤一停地敲着，仿佛根本没有看见人们的反应。许多人愤然离去，会场上到处是空着的座位。

40 分钟后，坐在前排的人突然叫道："球动了！"

霎时间，会场又变得鸦雀无声，人们聚精会神地看着那个大铁球。那个球以很小的幅度摆动了起来，不仔细看很难察觉。维勒仍旧一小锤一小锤地敲着，人们默默地听着那小锤敲打大铁球的声响。

铁球在大师一锤一锤的敲打中越荡越高，它拉动着那个铁架子"�哐"作响，它的巨大威力强烈地震撼着在场的每一个人。年轻人用大锤也没有打动的铁球，在维勒小锤的敲打中却剧烈地摆荡起来，终于，场上爆发出一阵阵热烈的掌声。

这个故事是一个有关耐心的奇迹。它告诉我们，无论目标和梦想有多么遥远，只要我们不懈怠，不放弃，充满耐心地走下去，困难总会被我们征服，我们的梦想也总会有实现的那一天。

有一个孩子想不明白自己的同桌为什么每次都能考第一，而自己每次却只能排在他的后面。

回家后他问道："妈妈，我是不是比别人笨？我觉得我和他一样听老师的话，一样认真地做作业，可是，为什么我总落后于他？"母亲听了儿子的话，感觉到儿子开始有自尊心了，而这种自尊心正在被学校的排名伤害着。她望着儿子，没有回答，因为她不知该怎样回答。

又一次考试后，孩子考了第二十名，而他的同桌还是第一名。回家后，儿子又问了同样的问题。她真想说，人的智力确实有高低之分，考第一的人，脑子就是比一般人的灵。然而这样的回答，难道是孩子真想知道的答案吗？她庆幸自己没说出口。

应该怎样回答儿子的问题呢？有几次，她真想重复那几句被上万个父母重复了上万次的话——你太贪玩了；你在学习上还不够勤奋；和别人比起来你还不够努力……以此来搪塞儿子。然而，像她儿子这样脑袋不够聪明、在班上成绩不甚突出的孩子，平时活得还不够辛苦吗？

所以她没有那么做，她想为儿子的问题找到一个完美的答案。

儿子小学毕业了，虽然他比过去更加刻苦，但依然没赶上他的同桌，不过与过去相比，他的成绩一直在提高。为了对儿子的进步表示赞赏，她带他去看了一次大海。就是在这次旅行中，这位母亲回答了儿子的问题。

母亲和儿子坐在沙滩上，她指着海面对儿子说："你看那些在海边争食的鸟儿，当海浪打来的时候，小灰雀总能迅速地起飞，它们拍打两三下翅膀就升入了天空；而海鸥总显得非常笨拙，它们从沙滩飞向天空总要很长时间，然而，真正能飞越大海横过大洋的还是它们。"

人的成长是一个漫长的较量，能否取得最后的胜利，不在于一时的快慢。如果你能够在自己成长的道路上静下心来，遇到困难不气馁，不灰心，矢志不移地前进，那么最终你必将获得最后的胜利。

成功既非一蹴而就，也非遥不可及。我们要实现自己的人生理想，就需要把自己的理想分成一个个可以实现的短期目标，一个个地去实现。俗语说得好：罗马不是一天建成的。既然一天建不成辉煌的罗马，我们就应当专注于建造罗马的每一天。这样，把每一天连起来，终将会建成一个美丽辉煌的罗马。

布雷德是一名战地记者，正是耐心和毅力救了他的生命，下面是他的亲身经历：

⊙不懈怠，不放弃，充满耐心地走下去，梦想总会有实现的那一天。

"第二次世界大战期间，我跟几个人不得不从一架破损的运输机上跳伞逃生，结果迫降在缅印交界处的树林里。当时我们唯一能做的就是拖着沉重的步伐往印度走，全程约 225 千米，必须在 8 月

成功在于坚持

● 大海是由一滴一滴水汇集而成的。

● 房屋是由一砖一瓦砌成的。

● 大力神杯是靠赢得一场又一场的比赛才获得的。

的酷热中和季风所带来的暴雨侵袭下，翻山越岭，长途跋涉。

"才走了 1 个小时，我一只长筒靴的鞋钉就扎了脚。傍晚时双脚都起泡出血，像硬币那般大小。我能一瘸一拐地走完 225 千米吗？别人的情况也差不多，甚至更糟糕。他们能不能走呢？我们以为完蛋了，但是又不能不走。为了节省体力，我们每次只走 1 英里，休息 10 分钟，再继续下一英里的路程。我们就这样走着，有一天，我们竟然惊奇地发现我们已走出了这一段魔鬼旅程……"

坚持到底，永不放弃

要从容地着手做一件事，但一旦开始，就要坚持到底。

——比阿斯

世界首富比尔·盖茨认为，巨大的成功靠的不是力量而是韧性。如今社会的竞争常常是持久力的竞争，有恒心、有毅力的人往往能够成为笑到最后、笑得最好的人，对于青少年来讲，恒心和毅力是成功的必要条件，半途而废，浅尝辄止，那么梦想永远只能是梦想。

1864 年 9 月 3 日这天，寂静的斯德哥尔摩市郊，突然爆发出一声震耳欲聋的巨响，滚滚的浓烟雾时冲上天空，一股股火焰直往上蹿。仅仅几分钟时间，一场惨祸发生了。当惊恐的人们赶到现场时，只见原来屹立在这里的一座工厂只剩下残垣断壁，火场旁边，站着一位 30 多岁的年轻人，突如其来的惨祸和过分的刺激，已使他面无血色，浑身颤抖着……

这个大难不死的青年，就是后来闻名于世的弗莱德·诺贝尔。诺贝尔眼睁睁地看着自己所创建的硝化甘油炸药实验工厂化为了灰烬。人们从瓦砾中找出了5具尸体，4人是他的亲密助手，而另一个是他在大学读书的小弟弟。5具烧得焦烂的尸体，令人惨不忍睹。诺贝尔的母亲得知小儿子惨死的噩耗，悲痛欲绝；年迈的父亲因大受刺激而引起脑溢血，从此半身瘫痪。然而，诺贝尔在失败面前却没有动摇。

事情发生后，警察局立即封锁了爆炸现场，并严禁诺贝尔重建自己的工厂。人们像躲避瘟神一样地避开他，再也没有人愿意出租土地让他进行如此危险的实验。但是，困境并没有使诺贝尔退缩，几天以后，人们发现在远离市区的马拉仑湖上，出现了一只巨大的平底驳船，驳船上并没有装什么货物，而是装满了各种设备，一个年轻人正全神贯注地进行实验。毋庸置疑，他就是在爆炸中死里逃生、被当地居民赶走了的诺贝尔！

无畏的勇气往往令死神也望而却步。在令人心惊胆战的实验中，诺贝尔持之以恒地行动着，他从没放弃过自己的梦想。

皇天不负有心人，他终于发明了雷管。雷管的发明是爆炸学上的一项重大突破，随着当时许多欧洲国家工业化进程的加快，开矿山、修铁路、凿隧道、挖运河等都需要炸药。于是，人们又开始亲近诺贝尔了。他把实验室从船上搬迁到斯德哥尔摩附近的温尔维特，正式建立了第一座硝化甘油工厂。接着，他又在德国的汉堡等地建立了炸药公司。一时间，诺贝尔的炸药成了抢手货，诺贝尔的财富与日俱增。

然而，初试成功的诺贝尔，好像总是与灾难相伴。不幸的消息接连不断地传来，在旧金山，运载炸药的火车因震荡发生爆炸，火车被炸得七零八落；德国一家著名工厂因搬运硝化甘油时发生碰撞而爆炸，整个工厂和附近的民房变成了一片废墟；在巴拿马，一艘满载着硝化甘油的轮船，在大西洋的航行途中，因颠簸引起爆炸，轮船葬身大海……

一连串骇人听闻的消息，再次使人们对诺贝尔望而生畏，甚至把他当成瘟神和灾星。随着消息的广泛传播，他被全世界的人所诅咒。

诺贝尔又一次被人们抛弃了，不，应该说是全世界的人都把自己应该承担的那份灾难给了他一个人。面对接踵而至的灾难和困境，诺贝尔没有一蹶不振，他身上所具有的毅力和恒心，使他对已选定的目标义无反顾，永不退缩。在奋斗的路上，他已经习惯了与死神朝夕相伴。

大无畏的勇气和矢志不渝的恒心激发了他心中的潜能，他最终征服了炸药，吓退了死神。诺贝尔赢得了巨大的成功，他一生共获专利发明权 355 项。他用自己的巨额财富创立的诺贝尔奖，被国际学术界视为一种崇高的荣誉。

诺贝尔成功的经历告诉我们，恒心是实现目标过程中必不可少的条件，一个人的恒心和内心的梦想结合以后，就会产生百折不挠的巨大力量。很多人的失败并不是因为自己能力不济，而是败在自己意志力不强上。很多情况下，成功与失败只是一步之遥。

⊙很多情况下，成功与失败只是一步之遥。

美国淘金热时，杰克的叔叔也在西部买到了一块矿地。辛苦几周后，他发现了闪闪发光的金矿，但他需要用机器把矿藏弄到地面上来。他很镇静地把矿坑掩埋起来，除掉自己的脚印，火速赶回老家，把找到金矿的消息告诉亲戚和邻居。大家凑了一笔钱，买来所需的机器，托人代送。然后，叔叔和杰克也动身回到矿区。

第一车金矿挖出来了，送到一处冶金工厂，结果证明他们已经挖到了科罗拉州最富的一个矿源。只要挖出几车金矿，就可以偿还所有债务，然后大赚特赚。

叔叔和杰克高高兴兴地下坑工作，带着无限的希望出坑来。但在这时，发生了他们意想不到的事，金矿的矿脉竟然不见了。他们已走到彩虹的末端，黄金没有了。他们继续挖下去，焦急地想要挖出矿脉来，但毫无收获。最后他们放弃了。然而根据一位工程师的计算，只要从杰克和他叔叔停止挖掘的地点再往前挖90厘米，就能找到金矿。

果然，后来有人在工程师所说的那个地方找到了金矿。

请工程师的人是一位售货员，他把从矿坑中挖出来的金矿出售，获得了几百万美元。他之所以能够发财，主要是因为他懂得寻找专家协助，而不轻易放弃。

这件事过了很久之后，杰克同样获得了成功，赚了超过他损失金钱的数倍。这是他在从事推销人寿保险以后取得的。

杰克没有忘记在距离金矿1米远的地方停下，而损失了一大笔财富的事，所以现在他吸取了这个教训。他说："我在距离金矿1米远的地方停下来，如今，在我向人们推销人寿保险的时候，绝不因为对方说'不'就停下来。"

杰克后来成为一位每年推销100万美元以上人寿保险的优秀推销员。他锲而不舍的精神，应归功于挖矿时轻易放弃的教训。

无论做什么，轻易放弃是不会取得成功的。有时候，多坚持一会儿就会有奇迹出现，多坚持一会儿就能够反败为胜。日本象棋界第15代名人大山康晴曾说过："当你认为已经必死无疑了，却经常有起死回生的情形出现。"因此一直到最后关头都不要轻言放弃，在黑暗之中力求寻觅一线曙光。他曾说出一段亲身体验：

"照相机闪光灯的闪烁和声响，使已经明白战败的我，重燃起一股奋战到底的勇气，究竟为什么我已不记得了。我咬紧嘴唇，心想或许还有一线生机。时间最后只剩下 1 个多小时，在专家看来此局胜负已成定势，休息室的观众大多也判定'大山败北'，只有我还在埋头苦干。我此时反以旁观者的身份来看自己是否能战胜自己……我可以感觉到旁观者都认为我输定了。

"观战者愈来愈多的窃窃私语都在谈论着：'大山这家伙怎么还不投降！'高岛八段一轮猛烈无比的进攻我都咬紧牙关硬撑了下来，时间一分一秒地流逝，高岛八段的一连串攻击似乎未见成效，而在强烈的攻击中他忽略了许多不起眼的要点。在疲劳的拖累下，他开始显得焦躁不安，并终于犯下大错。在剩余的时间内，我与他成了平分秋色的局面。最后，高岛终于弃子认输了。

"本来是一面倒的局势，却因为采取哀兵之姿，最后关头我终于反败为胜。当时与其说是因赢得胜利而高兴，倒不如说是因为战胜自己而雀跃不已。"

这是大山回想他在第 14 期名人赛中对抗挑战者的情形，那份惊人的耐力，正充分显示出大山坚忍不拔的个性。

当事情愈来愈困难时，当失败如同排山倒海般地压过来时，大多数人会放手离开，只有意志坚强的人才能够坚持到底，不轻易言败。而最后的胜利，也往往属于这些意志坚强的人。

磨炼坚韧的意志力

> 意志是唯一不会耗竭的力量，也是人应当永远具备的力量。
>
> ——叔本华

很久以前，为了开辟新的街道，伦敦拆除了许多陈旧的楼房。

然而新路却久久没能开工，旧楼房的废墟晾在那里，任凭日晒雨淋。

有一天，一群自然科学家来到这里，他们发现，在这一片多年未见天日的旧地基上，竟长出了一片野花野草。

奇怪的是，其中有一些花草却是在英国从来没有见

⊙面对压力和挫折，只要能够坚强面对，就一定能够克服这些人生中的障碍。

过的，它们通常只生长在地中海沿岸国家。这些被拆除的楼房，大多都是在古罗马人沿着泰晤士河进攻英国的时候建造的。

这些花草的种子多半就是那个时候被带到了这里，它们被压在沉重的石头砖瓦之下，一年又一年，几乎已经完全丧失了生存的机会。但令人感到意外的是，一旦它们见到阳光，就立刻恢复了勃勃生机，绽开了一朵朵美丽的鲜花。

我们的生命就像这些花种一样，具有无穷的潜能。面对压力和挫折，只要我们能够坚强面对，就一定能够克服这些人生中的障碍。

有一位作家曾经拜访过一位芭蕾舞演员。

10个脚趾，找不到一个完整的脚趾盖，在大趾的前端，是一团模糊的肉球，那是十几个春秋磨成的。谁能想到，这样一双可怕的脚，竟是踩着足尖鞋，在舞台上旋转如蝶的芭蕾舞演员的玉足？她一边活动脚尖，一边跟作家说："现在脚的样子尽管丑陋，可是不痛，刚开始跳舞的时候，一场舞跳完，足尖鞋的前端殷红殷红的。没有亲身经历过的人，绝体验不出钻心疼痛的滋味。"

"后悔吗？"作家问。

芭蕾舞演员流下了眼泪。"还有用吗？在试图逃离以前，我已经全身心地献给了芭蕾舞，当我后悔的时候，已经无处言悔了。"

意志力是人生中重要的一课。要适应未来社会激烈的竞争和快节奏的生活，我们必须注意个人意志力的培养。

哈佛成功榜

约翰·昆西·亚当斯（1767～1848 年），美国第 6 任总统。他是美国第 2 任总统约翰·亚当斯及第一夫人爱比盖尔·亚当斯的长子。他是美国历史上第一位继其父亲之后成为总统的总统。1788 年毕业于哈佛大学，他样样出众，一位哈佛教授称他是哈佛有史以来最有才华的学生。他 20 几岁就成了有名的外交官，曾出使欧洲多年，熟悉欧洲事务。1817 年门罗总统上台以后，亚当斯被任命为国务卿，任职 8 年，曾协助起草《门罗宣言》，解决与英国的许多纠纷，从西班牙手中取得佛罗里达，因此，被认为是美国历史上"最有成就的国务卿之一"。1825 年亚当斯当选总统。1829 年卸任后被选为国会众议员，直至逝世。

勇气和毅力就是魔力护身符，在它面前，困难会消失，一切障碍会无影无踪。

——约翰·昆西·亚当斯

勇 敢

——战胜自己，才能战胜别人

成功者与失败者之间的分水岭，有时并不存在天地之间的差距，而在于一点小小的勇气。如果你内心充满勇气，那么没有什么东西可以阻碍你走向成功。青少年在成长的过程中要勇于尝试，敢于挑战自己，勇敢地面对生活中的变化，只有积极勇敢地去拥抱和适应生活中的变化，才能够在变化中成长。

推开虚掩的成功之门

勇敢的人面前才有路。

——有岛武郎

犹太谚语说："要打开成功之门，必须勇敢地推或者拉。"成功就好比是一扇虚掩着的门，只要我们鼓起勇气，勇敢去尝试，就一定能够获得意外的收获。

⊙要打开成功之门，必须勇敢地推或者拉。

在古代波斯（今伊朗）有位国王，想挑选一名官员担当一个重要的职务。他把那些智勇双全的官员全都召集了来，试试他们之中究竟谁能胜任。官员们被国王领到一座大门前，面对这座国内最大、来人中谁也没有见过的大门，国王说："爱卿们，你们都是既聪明又有力气的人。现在，你们已经看到，这是我国最大最重的大门，可是一直没有被打开过。你们之中谁能打开这座大门，帮我解决这个久久没能解决的难题？"不少官员远远张望了一下大门，就连连摇头。有几位走近大门看了看，退了回去，没敢去试着开门。另一些官员也都纷纷表示，没有办法开门。这时，有一名官员却走到大门下，先仔细观察了一番，又用手四处探摸，用各种方法试探开门。几经试探之后，他抓起一根沉重的铁链，没怎么用力拉，大门竟然开了！

原来，这座看似非常坚牢的大门，并没有真正关上，任何一个人只要仔细察看一下，并有胆量试一试，比如拉一下看似沉重的铁链，甚至不必用多大力气推一下大门，都可以打得开。如果连摸也不摸，连看也不看，自然会对这座貌似坚固无比的庞然大物感到束手无策了。

国王对打开了大门的大臣说："朝廷最重要的职务，就请你担任吧！因为你没有限于你所见到的和听到的，在别人感到无能为力时你却会想到仔细观察，并有勇气冒险试一试。"他又对众官员说："其实，对于任何貌似难以解决的问题，都需要开动脑筋仔细观察，并大胆冒一下险，大胆地试一试。"

那些没有勇气试一试的官员们，一个个都低下了头。

也许，生活当中并不缺少成功的机会，只是我们像故事中的大臣们一样，陷进了固定思维的囹圄之中，不能自拔。思维的框定让人容易产生怯懦的心理，无法焕发勇气，最终流于平庸。成功者与失败者之间的分水岭，有时并不在于他们之间有天地之间的差距，而在于一点小小的勇气。当我们超越众人禁锢得有些麻木的思想，勇敢地迈出那一步时，我们会惊喜地发现，原来成功的门对我们从不上锁。

英国皇家学会要为大名鼎鼎的琼斯教授选拔科研助手，这个消息让年轻的装订工人法拉第激动不已，赶忙到规定地点去报了名。但临近选拔考试的前一天，法拉第却被意外地告知，取消了他的考试资格，因为他是一个普通工人。

法拉第愣了，他气愤地赶到选拔委员会去理论，但委员们傲慢地嘲笑说："没有办法，一个普通的装订工人想到皇家学院来，除非你能得到琼斯教授的同意！"法拉第犹豫了。如果不能见到琼斯教授，自己就没有机会参加选拔考试。但一个普通的书籍装订工人要想拜见大名鼎鼎的皇家学院教授，他会理睬吗？

法拉第顾虑重重，但为了自己的人生梦想，他还是鼓足了勇气站到了琼斯教授家的大门口。教授家的门紧闭着，法拉第在门前徘徊了很久。

终于，教授家的大门，被一颗胆怯的心叩响了。

院里没有声响，当法拉第准备第二次叩门的时候，门却"吱呀"一声开了。一位面色红润、须发皆白、精神矍铄的老者正注视着法拉第，"门没有锁，请你进来。"老者微笑着对法拉第说。

"教授家的大门整天都不锁吗？"法拉第疑惑地问。

"干吗要锁上呢？"老者笑着说，"当你把别人关在门外的时候，也就把自己关在了屋里。我才不当这样的傻瓜呢！"这位老者就是琼斯教授。他将法拉第带到屋里坐下，聆听了这个年轻人的叙说后，写了一张纸条递给法拉第："年轻人，你带着这张纸条去，告诉委员会的那帮人说我已经同意了。"

经过严格而激烈的选拔考试，书籍装订工法拉第出人意料地成了琼斯教授的科研助手，走进了英国皇家学院那高贵而华美的大门。

恐惧是每个人在自己的成长过程中都会遇到的，它常常会限制一个人的自主性，减少生活的欢乐，妨碍个人的成长。因此，一个心理健全的青年应当摆脱恐惧的枷锁，以年轻人应有的血气和胆量去面对任何艰难危险的事情，努力去做好自己想要做的事。

1968 年，在墨西哥奥运会的百米赛场上，美国选手海恩斯撞线后，激动地看着运动场上的计时牌。当指示器打出 9.9 秒的字样时，他摊开双手，自言自语了一句话。

后来，有一位叫戴维的记者在回放当年的赛场实况时再次看到海恩斯撞线的镜头，这是人类历史上第一次在百米赛道上突破 10 秒大关。看到自己破纪录的那一瞬，海恩斯一定说了一句不同凡响的话，但这一新闻点，竟被现场的 400 多名记者疏忽了。

因此，戴维决定采访海恩斯，问问他当时到底说了一句什么话。

戴维很快找到海恩斯，问起当年的情景，海恩斯竟然毫无印象，甚至否认当时说过什么话。

戴维说："你确实说了，有录像带为证。"

海恩斯看完戴维带去的录像带，笑了。他说："难道你没听见吗？我说：'上帝啊，那扇门原来是虚掩的。'"

谜底揭开后，戴维对海恩斯进行了深入采访。

自从欧文斯创造了 10.3 秒的成绩后，曾有一位医学家断言，人类的肌肉纤维所承载的运动极限，不会超过每秒 10 米。

海恩斯说："30 年来，这一说法在田径场上非常流行，我也以为这是真理。但是，我想，自己至少应该跑出 10.1 秒的成绩。每天，我以最快的速度跑 5 千米，我知道百米冠军不是在百米赛道上练出来的。当我在墨西哥奥运会上看到自己 9.9 秒的记录后，惊呆了。原来，10 秒这个门不是紧锁的，而是虚掩的，就像终点那根横着的绳子一样。"

后来，戴维撰写了一篇报道，填补了墨西哥奥运会留下的一个空白。

不过，人们认为它的意义不限于此，海恩斯的那句话，为我们留下的启迪更为重要。

如果一个人内心充满勇气，那么没有什么东西可以阻碍他走向成功。像法拉第一样，像海恩斯一样，勇敢地打破内心的限制，积极地去尝试，你就能够战胜恐惧走向成功。

勇于冒险，没有尝试就没有成功

要冒一次险！整个生命就是一场冒险。走得最远的人，是常愿意去做，并愿意去冒险的人。

——卡耐基

成功意味着冲破平庸，而其中的一条捷径就是敢于冒险。石油大王哈默说过："不会冒险的人永远也不会取得成功。"惧怕失败，不冒风险，平平稳稳地过一辈子，虽然可靠，虽然平静，但只是一个悲哀而无聊的人生，一个懦夫的人生，其中最令人痛惜的就是，你自己葬送了自己的潜能。因此，与其平庸地过一生，不如勇敢去冒险和闯荡，做一个敢于冒险的英雄。

有两位少年去求助一位老人，他们问着相同的问题："我有许多的梦想和抱负，但总是笨手笨脚，无从下手，不知道如何才能实现自己的目标。"老人给他们一人一颗种子，细心地交代："这是一颗神奇的种子，谁能够妥善地保存它的价值，谁就能够实现他的理想。"

几年后，老人碰到了这两位少年，顺便问起种子的情况。

第一位少年谨慎地拿着锦盒，缓缓地掀开里头的棉布，对着老人说："我把种子收藏在锦盒里，时时刻刻都将它妥善地保存着。为了这颗种子能够完整地保存，我为它专门建了一个恒温室。我相信它现在仍完好如初，其价值没有任何折损。"老人听后，失望地点了点头。接着第二位少年，汗流浃背地指着旁边的一座山丘道："您看，我把这颗神奇种子，埋在土里灌溉施肥，现在整座山丘都长满了果树，每一棵果树都结满了果实，原来的一颗种子现在变为了千万颗。这就是我实现这颗神奇种子价值的方法。"

老人关切地说："孩子们，我给的并不是什么神奇的种子，不过是一般的种子而已。如果只是守着它，永远不会有结果；只有用汗水灌溉，才能有丰硕的成果。让种子生根发芽，虽然会冒风霜雨雪侵蚀的风险，但正由于经历了这些锤炼，生命才焕发出神奇的力量，种子的价值才真正得到了实现和延续。"

不敢冒险去做，其实是冒了更多的险。有些人很聪明，对不测因素和风险看得太清楚了，不敢冒一点险，结果聪明反被聪明误，所以永远只能过一种平庸的生活。

勇于尝试可以让你发现机会，化危机为转机。有些在平时看似"不可能"的事情，在你的尝试中也可能变成现实。正如一位成功人士所说的那样，尝试可以创造奇迹。

一次，一艘远洋海轮不幸触礁，沉没在汪洋大海里，幸存下来的 9 位船员拼死登上一座孤岛，才得以幸存下来。

但接下来的情形更加糟糕，岛上除了石头，还是石头，没有任何可以用来充饥的东西，更为要命的是，在烈日的曝晒下，每个人都口渴得冒烟，水成为最珍贵的东西。尽管四周是水——海水，可谁都知道，海水又苦又涩又咸，根本不能用来解渴。现在 9 个人唯一的生存希望是老天爷下雨或别的过往船只发现他们。

等啊等，没有任何下雨的迹象，天际除了海水还是一望无边的海水，没有任何船只经过这个死一般寂静的岛。渐渐地，有 8 个船员支撑不下去了，他们纷纷渴死在孤岛。

当最后一位船员快要渴死的时候，他实在忍受不住地扑进海水里，"咕嘟咕嘟"地喝了一肚子。船员喝完海水，一点儿觉不出海水的苦涩味，相反觉得这海水又甘又甜，非常解渴。他想：也许这是自己死前的幻觉。便静静地躺在岛上，等着死神的降临。

他睡了一觉，醒来后发现自己还活着，船员非常奇怪，于是他每天靠喝这里的海水度日，终于等来了救援的船只。

人们化验这水发现，这儿由于有地下泉水的不断翻涌，所以海水实际上全是可口的泉水。

冒险与收获常常是结伴而行。险中有夷，危中有利，要想有卓越的人生，就要敢冒险。

石油大王哈默的成功就告诉我们这样一个道理：幸运喜欢光顾勇敢的人，巨大的风险往往能够带来巨大的成功。

1956 年，58 岁的哈默购买了西方石油公司，开始大做石油生意。石油是最能赚大钱的行业，也正因为最能赚大钱，所以竞争尤为激烈。初涉石油领域的哈默要想建立起自己的石油王国，无疑面临着极大的竞争风险。

首先碰到的是油源问题。1960 年石油产量占美国总产量 30%的得克萨斯州已被几家大石油公司垄断，哈默无法插手；沙特阿拉伯是美国埃克森石油公司的天下，哈默难以染指。如何解决油源问题呢？1960 年，当花掉 1000 万美元的勘探基金而毫无结果时，哈默再一次冒险接受了一位青年地质学家的建议。旧金山以东一片被德士古石油公司放弃的地区，可能蕴藏着丰富的天然气，并建议哈默的西方石油公司把它租下来。哈默又千方百计地从

⊙不会冒险的人永远也不会取得成功。

87

各方面筹集了一大笔钱，投入了这一冒险的工程。当钻到 284 米深时，终于钻出了加利福尼亚的第二大天然气田，估计价值在 2 亿美元以上。

哈默成功的事实告诉我们敢想敢做敢于尝试，才能取得成功。

与其不尝试而失败，不如尝试了再失败，不战而败是一种极端怯懦的行为。如果想成为一个成功者，就必须具备坚强的毅力，以及勇气和胆略。当然，敢冒风险并非铤而走险，敢冒风险的勇气和胆略是建立在对客观现实的科学分析基础之上的。顺应客观规律，加上主观努力，力争从风险中获得利益，这是成功者必备的心理素质。

敢于冒险是一个人取得成功的重要条件。对于一个前途充满了无限可能性的年轻人来说更是如此。

挑战生命中的"不可能"

> 只有在愚蠢人的字典里才有"不可能"这个词。
>
> ——拿破仑·波拿巴

史密斯夫人是英国一座乡村中学的文学教师，她性情活泼、和蔼可亲，深受学生爱戴。

有一天，她为学生们带来了别开生面的一节课。她让学生们在纸上写出自己不能做到的事。所有的学生都全神贯注地埋头在纸上写着。一个 10 岁的女孩，她在纸上写道"我无法完整地背出太长的课文"、"我不会骑脚踏车"、"我不知道怎样才能让别人喜欢我"等。她已经写完了半张纸，但她却丝毫没有停下来的意思，仍然在认真地继续写着。

每个学生都很认真地在纸上写下了一些句子，述说着他们做不到的事情。

史密斯夫人也正忙着在纸上写着她不能做到的事情，像"我不知道如何才能让孩子的家长都来"、"我不知道怎样帮助玛丽提高她对数学的兴趣"等。

大约过了10分钟，大部分学生已经写满了一整张纸，有的已经开始写第二张了。

"同学们，写完一张纸就行了，不要再写了。"这时，史密斯夫人用她那惯有的语调宣布了这项活动的结束。学生们按照她的指示，把写满了他们认为自己做不到的事情的纸对折好，然后按顺序依次来到老师的讲台前，把纸投进一个空的鞋盒里。

等所有学生的纸都投完以后，史密斯夫人把自己的纸也投了进去。然后，她把盒子盖上，夹在腋下，领着学生走出教室，沿着走廊向前走。

走着走着，队伍停了下来。史密斯夫人走进杂物室，找了一把铁锹。然后，她一只手拿着鞋盒，另一只手拿着铁锹，带着大家来到运动场最边远的角落里，开始挖起坑来。

学生们你一锹我一锹地轮流挖着，10分钟后，一个1米深的洞就挖好了。他们把盒子放进去，然后用泥土把盒子完全覆盖上。这样，每个人的所有"不能做到"的事情就都被深深地埋在了这个"墓穴"里，埋在了1米深的泥土下面。

这时，史密斯夫人注视着围绕在这块小小的"墓地"周围的31个10多岁的孩子们，神情严肃地说："孩子们，现在请你们手拉着手，低下头，我们准备默哀。"

学生们很快地互相拉着手，在"墓地"周围围成了一个圆圈，然后都低下头来静静地等待着。

"朋友们，今天我很荣幸能够邀请到你们前来参加'我不能'先生的葬礼。"史密斯夫人庄重地念着悼词，"'我不能'先生在世的时候，曾经与我们的生命朝夕相处，您影响着、改变着我们每一个人的生活，有时甚至比任何人对我们的影响都要深得多。您的名字几乎每天都要出现在各种场合。当然，这对于我们来说是非常不幸的。

"现在，我们已经把您安葬在了这里，并且为您立下了墓碑，刻上了墓志铭，希望您能够安息。同时，我们更希望您的兄弟姊妹'我可以'、'我愿意'，还有'我立刻就去做'等能够继承您的事业。虽然他们不如您的名气大，没有您的影响力强，但是他们会对我们每一个人、对全世界产生更加积极的影响。愿'我不能'先生安息吧，也祝愿我们每一个人都能够振奋精神，勇往直前！阿门！"

接下来，史密斯夫人带着学生又回到了教室。大家一起吃着饼干、爆米花，喝着果汁，庆祝他们越过了"我不能"这个心结。作为庆祝的一部分，史密斯夫人还用纸剪成一个墓碑，上面写着"我不能"，中间则写上"安息吧"，下面写着这天的日期。

史密斯夫人把这个纸墓碑挂在教室里。每当有学生无意说出"我不能……"这句话的时候，她只要指着这个象征死亡的标志，孩子们便会想起"我不能"先生已经死了，进而去想积极的解决方法。

面对生活中的困境，很多人都被"不可能"这三个字困禁着，不敢正视现实中的困难和挑战，导致自身的潜能得不到充分的发挥。面对问题，我们不妨试着把自己的"我不能"埋进坟墓，以积极的心态去面对一切，这样很多困难就能迎刃而解了。

亨利·福特是美国汽车行业历史中一位了不起的人物。他于1863年7月生于美国密歇根州。他的父亲是个农夫，觉得孩子上学根本就是一种浪费。老福特认为他的儿子应该留在农场帮忙，而不是去念书。

自幼在农场工作，使福特很早便对机器产生兴趣，于是用机器去代替人力和牲畜的想法经常在他的脑中出现。

福特12岁的时候，已经开始构想要制造一部"能够在公路上行走的机器"。这个想法，深深地扎在他的脑海里，日日夜夜萦绕着他。

旁边的人都"劝导"福特放弃他那"奇怪的念头"，认为他的构想是不切实际的。老福特希望儿子做农场助手，但少年福特却希望成为一位机械师。他用1年多的时间就完成人家需要3年的机械师训练，从此，老福特的农场少了一位助手，但美国却多了一位伟大的工业家。

福特认为这世界上没有"不可能"这回事。他花了2年多的时间用蒸汽去推动他构想的机器，但行不通。后来，他在杂志上看到可以用汽油氧化之后形成燃料以代替照明煤气灯，触发了他的"创造性想象力"，此后，他全心全意投入汽油机的研究工作。

福特每一天都在梦想成功地制造一部"汽车"。他的创意被大发明家爱迪生所赏识，爱迪生邀请他当底特律爱迪生公司的工程师，让他有机会实现他的梦想。

终于，在1892年，福特29岁时，他成功地制造了第一部汽车引擎。而在1896年，也就是福特33岁的时候，世界上第一部汽车问世了。

从1908年开始，福特致力于推广汽车，用最低廉的价格去吸引越来越多的消费者。而底特律则逐渐变成美国的大工业城，成为福特的财富之都。今日的美国，每个家庭都有1部以上的汽车。

有一位研究成功学的专家曾说过："也许在每10万人中有一个人懂得福特成功的真正原因，而这少数人通常又耻于谈到这点，因为这个成功秘诀太简单了。这个秘诀就是想象力。事实上，在一定程度上，只要能想到就一定能办到。"

世界上没有不可能，只要你敢想敢做，"不可能"也会变成"可能"。史蒂芬·柯维说："想象力是灵魂的工厂，每个人的成就都是在这里铸造的。"想象力通常被称为灵魂的创造力，是每个人最可贵的财富。拿破仑曾经说过，"想象力统治全世界"。一个人的想象力越丰富，成功的机会就越多。

思考致富的支持者股票大王贺希哈也认为成功的第一要素即想象力。

⊙不怕做不到，只怕想不到，只要你敢于想象，就能够取得成功，把"不可能"变成"能"。

不怕做不到，只怕想不到，只要你敢于想象，就能够取得成功，把"不可能"变成"能"。

在行动中忘掉恐惧

勇敢产生于斗争中，勇气是在每天对困难的顽强抵抗中养成的。

——奥斯特洛夫斯基

心理学家认为，行动本身会增强信心，不行动只会带来恐惧，克服恐惧最好的办法就是行动。

行动可以让你忘掉恐惧，等待、拖延只会增加你的恐惧感。

一个伞兵教练说："跳伞本身真的很好玩。难受的是等待跳伞的一刹那。在跳伞的人各就各位时，我让他们尽快度过这段时间。曾经不止一次，有人因为幻想太多'可能发生的事'而晕倒。如果不能鼓励他们跳第二次，他们就永远当不成伞兵了。跳伞的人愈拖就愈害怕，就愈没有信心。"

行动可以治疗恐惧。有一天晚上，一个 5 岁的小男孩已经上床半小时了，突然放声大哭。小男孩刚才看了一部科幻片，害怕片中的绿色妖怪闯进来抓他。他父亲的做法很特别，他并不是说："不要怕，孩子。没有什么好怕的，回去睡觉吧。"反而用一种积极的做法来消除他的恐惧。他走到每一扇窗户跟前看看关好没有，最后又将一把玩具手枪放在小男孩的枕边说："小男子汉，这把手枪给你以防万一。"小家伙听了很放心，几分钟后就睡着了。

这个故事说明这样一个道理，当你发觉自己对某件事情恐惧时，你可以尝试着让自己行动起来，在行动中你就可以增强自信，消除恐惧。很多人不了解这个道理，他们应付恐惧常用的方法就是不做。推销员们就经常这样，他们经常怯场，即使最老练的推销员也难免。他们为了克服恐惧，往往在客户附近徘徊犹豫，要不然干脆找个地方一杯又一杯地喝咖啡，来培养自信与勇气，这样根本没有效果。克服任何一种恐惧最好的办法就是"立刻去做"。

球王贝利刚刚入选巴西最著名的球队——桑托斯足球队时，曾经因为过度紧张而一夜未眠。他翻来覆去地想着："那些著名球星们会笑话我吗？万一发生那样尴尬的情形，我有脸回来见家人和朋友吗？"

他甚至还无端猜测："即使那些大球星愿意与我踢球，也不过是想用他们绝妙的球技，来反衬我的笨拙和愚昧。如果他们在球场上把我当作戏弄的对象，然后把我当白痴似的打发回家，我该怎么办？"

一种前所未有的怀疑和恐惧使贝利寝食不安。虽然自己是同龄人中的佼佼者，但忧虑和自卑却使他情愿沉浸于希望，也不敢真正迈进渴求已久的现实。

最后，贝利终于惴惴不安地来到了桑托斯足球队，那种紧张和恐惧的心情，简直没法形容。"正式练球开始了，我已吓得几乎快要瘫痪。"他就是这样走进一支著名球队的。原以为刚进球队只不过练练盘球、传球什么的，然后便肯定会当板凳队员。哪知第一次，教练就让他上场，还让他踢主力中锋。紧张的贝利半天没回过神来，双腿像长在别人身上似的，每次球滚到他身边，他都好像是看见别人的拳头向他击来。在这样的情况下，他几乎是被硬逼着上场的。但当他迈开双腿，不顾一切地在场上奔跑起来时，他渐渐忘了是跟谁在踢球，甚至连自己的存在也忘了，只是习惯性地接球、盘球和传球。在快要结束训练时，他已经忘了桑托斯球队，而以为又是在故乡的球场上练球了。

那些使他深感畏惧的足球明星们，其实并没有一个人轻视他，而且对他相当友善。如果贝利能够相信自己，专心踢球，而不是无端地猜测和担心，就不会承受那么多的精神压力了。

行动可以让你忘却恐惧，缓解你的精神压力。忘掉自我，专心投入到你当前要做的事情上去，可以让你克服紧张情绪，保持一种泰然自若的心态。

行动可以激发出一个人的勇气和潜能，即使一个弱不禁风的孩子，在危急关头被恐惧所激起的勇气也可以杀死一条凶猛的鳄鱼。

在非洲的刚果河流域，经常会有鳄鱼出现。很多人由于不小心，常常会因鳄鱼的袭击而致残，有的甚至成为鳄鱼的"美餐"。一天下午，在刚果河上，有两个男孩划着小木舟回家。他们是两兄弟，哥哥叫美林迪，弟弟叫卢蒙巴。他们是划船出来游玩的。不料玩得忘了时刻，这时见太阳已西下，才想起要赶快把这艘木舟划回家去。

两兄弟合力摇着船桨。船是约 1.3 米长、1 米宽的小木舟，是用一条圆木雕成的，只能在平静无波的小河划着玩，如果稍有震动，就会翻覆沉没。

当卢蒙巴一面划桨，一边远望着西天的夕阳时，一眼看到大约七八百米外的河面上正有一条鳄鱼向这边追来。

美林迪也同时发现鳄鱼追来，他喊道："鳄鱼！吃人的鳄鱼来了！"

远处水面浮出绿硬鳞甲的鳄鱼头、背，鳄鱼在水中划出大水波，很远就能听到"嘶嘶"水响。

这时，小木舟正在河中心，要划到河的岸边，至少还要半小时。船后的鳄鱼却不到几分钟就会追到，眼看他们就要变成鳄鱼的晚餐。

当他们来不及多想的顷刻之间，回头一望，只见那条大鳄鱼正张开血盆大口，游到离船尾不到 10 米的水面上。

"逃命啦！"美林迪惊慌失措，疯了似的跳到河里，潜水游向附近的河岸。

这时鳄鱼已游得更近，距离船头只有两三米远。弟弟卢蒙巴眼见美林迪跳水，他年纪小，力气更小，此刻，他只来得及想一件事："怎样才不会被鳄鱼吃掉？"

在夕阳西下之时，河两岸已杳无人迹。河边即使有人，也不一定能把这个小孩从鳄鱼嘴边救回来，现在，生死存亡全靠卢蒙巴自己了。

忽然，那条大鳄鱼纵起了它的头向船尾冲来。

说时迟，那时快，卢蒙巴也不知是从哪里来的勇气，在鳄鱼正抬头张口冲来的同时，他上前一步，站到船头上，弓着腰，纵身高高跳起，张开双臂，扑到鳄鱼的背上。

鳄鱼这时似乎有点惊慌，只知用头向船头撞去，它撞船的冲力，正好使卢蒙巴的身体在其背上一旋，旋到另一个方向。

卢蒙巴趁此用双臂紧紧扼住鳄鱼的颈部，用双腿全力夹住它的背部。

鳄鱼发狂般在水中挣扎，他却拼命扼紧它的咽喉不肯放松。最后，鳄鱼在河水中向前游去。他发觉鳄鱼已逐渐不再挣扎，他感觉到：自己等于是骑着鳄鱼顺水游了。

卢蒙巴的一双手臂依然紧扼鳄鱼的颈不敢放松，他知道，鳄鱼的力气太大了，他怕自己的手臂一旦被挣脱，那他就再也不能控制鳄鱼，那时一定会被鳄鱼一口吞下。

他就这样扼紧鳄鱼，在河面上向前游着。

在死亡的恐怖中，他不知这样游了多久，只见天色已暗，河水与河岸的距离究竟还有多远，也无心细看。

不久，卢蒙巴忽然发觉鳄鱼不动了，定睛一看，眼底竟是河边的沙滩。是鳄鱼要到河滩来休息吗？他不明白，也不敢多想。

他心中突然欢喜了，即使鳄鱼这时再要咬人，他也可以在陆地上飞快逃走的。因此，他就纵身跳到鳄鱼的右侧，疯狂地向前跑了几十步才停下来。

他回过头，在月光下，看到自己一路"骑"来的那条大鳄鱼，依然伏在河滩那个老地方。

他壮着胆子走近鳄鱼蹲身细看，鳄鱼双眼

⊙行动可以战胜恐惧，激发勇气。

紧闭着，他伸手试探鳄鱼的颈部，发现鳄鱼竟已完全停止了呼吸。

他高兴极了，跑到一棵树下找来几根树藤，绑住鳄鱼的颈项，向前拖去，拖得很吃力，拖一程，休息一次，最后终于绕着小路回到自己的家。

全家人听了事情的经过，不禁目瞪口呆。

原来，当这个小男孩危在旦夕时，他在求生本能的驱使下，已经来不及害怕了，他那紧扼鳄鱼颈部的手臂就在这顷刻之间，产生一种神奇的力量。鳄鱼虽然力大而凶残，但它颈部被卢蒙巴扼得太紧，也就敌不过"无法呼吸"的致命伤。

在死亡边缘独力战胜鳄鱼的 16 岁小男孩卢蒙巴，顿时成为非洲报纸上的热门传奇人物。

行动可以战胜恐惧，激发勇气。面对凶残的鳄鱼，如果恐惧就会被吃掉，而勇敢地面对凶险的情况，奋起反抗，即使一个弱小的孩子，也可以战胜一条凶猛的鳄鱼。小卢蒙巴扼杀鳄鱼的故事，能为你带来什么样的启示呢？

勇气的一半是智慧

勇气是与深思和决断为伍的。

——俞吾金

人们在形容一个人很能干的时候常常会用到一个词——智勇双全。这说明勇气和智慧是联系在一起的。只有勇气而没有智慧充其量只是鲁莽。

一座小茅屋里住着猫、公鸡和一个机智勇敢的孩子丹尼。

有一天，猫和公鸡出去寻找食物，丹尼留在家里准备午饭，收拾餐桌，分配汤勺。他一边干活，一边不停地说着：

"这是把普通的勺子，给猫咪；这也是把普通的勺子，给喔喔鸡；而这把不是普通的勺子，亮晶晶的，把手还是金色的，谁也不能给，只能给丹尼。"

当狐狸得知小茅屋里只剩下丹尼在搞家务时，它真想吃掉丹尼。

"笃笃笃"，狐狸敲响了丹尼家的门，并装出一副友善的腔调问道："小丹尼在家吗？"

听出是狐狸的声音小丹尼吓坏了，他从凳子上跳起来，金色的汤勺掉落在地上，他顾不上拾起来，就躲到了炉台底下。

狐狸进了茅屋东看看，西瞅瞅，就是找不到丹尼，心里打起了鬼算盘。

别忙，他一定是藏起来了。藏在哪里？我要他自己说出来！

狐狸走到了餐桌前，翻动汤勺，嘴里念着：

"这是把普通的勺子，给猫咪；这也是把普通的勺子，给喔喔鸡；而这把不是普通的勺子，亮晶晶的，把手还是金色的，就该我用！"

丹尼在炉台下大声喊起来："嗳，嗳，嗳，别动那把勺子，好狐狸，我谁都不给！"

"那么，你在哪儿呢，丹尼？"

狐狸走向炉台，一把抓住丹尼，往森林里拖去。

狐狸回到家里，把炉子烧旺，想把丹尼烧熟了吃。狐狸找来一把铲子，对丹尼说："请坐上去，勇敢的丹尼。"

丹尼年纪虽小，但很勇敢，他张开了两手和两脚一屁股坐下了。狐狸手持铲子，却伸不进炉口。它批评丹尼："不是这样坐的！"

丹尼立即翻了一个身，用后脑勺对着炉子，手脚仍张得大大的——铲子依然进不了炉子。

"唉，你怎么搞的？"狐狸说。

"那么，亲爱的狐狸，请您做个示范吧！"

"你真是个笨蛋！"狐狸说着把丹尼从铲子上拉了下来，自己跳了上去收拢屁股与尾巴，蜷成一团。丹尼立即把狐狸扔进了炉子，合上炉门，一转身逃出小屋回了家。

家里，猫和公鸡都在大声地哭喊着："亮晶晶的勺子不见了，我们勇敢的小丹尼也不见了……"猫不停地用爪子擦着泪，公鸡则用翅膀擦泪水。

突然，台阶上"扑、扑、扑"一阵响，丹尼回来了，他大声喊："我回来了，狐狸在炉子里被我烧死了！"

勇气的一半是智慧。真正的勇敢是要用冷静的头脑和智慧去解决眼前的问题，而不是一遇到危险就乱了阵脚，没有了办法。

哈佛成功榜

富兰克林·D.罗斯福 （1882～1945 年），美国历史上唯一连任 4 届总统的人，从 1933 年 3 月起，直到 1945 年 4 月去世时为止，任职长达 12 年。罗斯福出生于纽约，曾就读于哈佛大学和哥伦比亚大学。1910 年任纽约州参议员。1913 年任海军部副部长。1921 年因患脊髓灰质炎致残。1928 年任纽约州长。1932 年竞选总统获胜。执政后，以"新政"对付经济危机，颇有成效，故获得 1936 年、1940 年、1944 年大选连任。第二次世界大战初，美国采取不介入政策，但对希特勒采取强硬手段，以"租借法"支持同盟国。1941 年底，美国参战。罗斯福代表美国两次参加同盟国"三巨头"会议。罗斯福政府提出了轴心国必须无条件投降的原则并得到了实施。罗斯福提出了建立联合国的构想，也得到了实施。63 岁时，罗斯福由于脑溢血去世。

我们所不得不畏惧的唯一东西，就是畏惧本身，这种难以名状、失去理智和毫无道理的恐惧，麻痹人的意志，使人们不去进行必要的努力，从而将退却变成前进。

——富兰克林·D.罗斯福

6

进 取

——做自己命运的开拓者

哈佛告诉你

　　进取心是一个人向上的动力，只有不断进取，生命的价值才能够不断地升华。进取心代表了一个人的发展方向和所能达到的人生高度。人一旦养成一种不断自我激励、始终向着更高目标前进的习惯，进取心就会成为一种强大的自我激励力量，使人生变得更加崇高。

害怕前进只能停留在原地

　　人生就是行动、斗争和发展，因而不可能有什么固定不变的目标，人生的欲望和追求不会停止不动。

——弗兰克·梯利

　　现实生活中，随处可以见到这样的人：他们一生都做着简单平常的事情，他们似乎也因此而满足，但实际上他们完全有能力干出一些更出色、更卓越的事情。他们并不缺少能力，只是缺乏一种追求的勇气和强烈的进取心。进取心是一个人积极向上的动力，人生在世就应当努力进取，这样，生命价值才能够不断地升华。害怕前进只能让一个人停滞不前。

在美国，有一个叫加纳的孩子，他出生在一个贫穷的黑人家庭，他的成功就是一个不断进取、创造命运的传奇。加纳自幼家庭十分贫困，因此他 5 岁时就不得不开始劳动，8 岁开始赶骡子，帮助家庭维持生计。

加纳生来勤奋听话，他有一位不平常的具有进取精神的母亲。她目睹自己家庭的生活环境，即使每日艰苦劳动，收入仅能糊口，孩子也还是没有读书的机会。她知道自己的家庭与繁荣昌盛的社会生活形成鲜明的对比，她慢慢觉得这个现实必定有什么原因。她想啊想，时常同自己的儿子讨论这个问题。

有一天，她与儿子加纳讨论说："加纳，我们不应该贫穷。我不愿意听到你说：我们的贫穷是上帝的意愿。我们的贫穷不是由于上帝的缘故，而是因为你的父亲从来就没有产生过成功的愿望。我们家庭中的任何人都没有产生过出人头地的想法。"

母亲这番话给加纳的心灵刻下了深深的烙印：没有产生过成功的愿望，即没有进取精神，没有积极的心态，甘愿世世代代贫穷下去。加纳此时虽年纪不大，但他的心里已萌发了成功的决心，从此他时时刻刻注意怎么走上成功之路。他总是把他所需要的东西放在心中，把他不需要的东西置之不理。这样，他成功愿望的种子慢慢开始发芽、生长。

加纳为了走上成功之路，选择了经商作为自己奋斗的途径。他先从当小伙计入手，在零售百货店里当推销员。3 年后，他懂得了哪些商品最畅销，哪些用户习惯买哪种商品，并与众多的顾客相识了。在这样的基础上，他决定自己经营创业，并把肥皂作为经营产品。于是，他靠自己的点滴资本，从肥皂厂购进一两箱肥皂，然后自己挨家挨户地上门推销。

在积极进取心态的支撑下，加纳不畏各种劳累和困难，一块一块地推销肥皂，一分钱一分钱地积累资金，一年 365 天坚持不懈地奔跑。就这样，一晃 12 年过去了，他家里的生活一天天改善，但他并不因此而泯灭了继续进取的积极心态，相反，他伺机获取更大的成功。后来，他获悉供应肥皂给他的那家公司由于内部原因，拟拍卖出售，售价是 15 万美元。加纳通过种种努力买下这家公司，最后他终于成为一个成功的商人。

加纳的成功是一个靠努力改变命运的典型例子。那么，究竟是什么力量能够不断地激励加纳，朝着自己的目标前进呢？这个推动力就是：进取心。

进取心是神秘的宇宙力量在人身上的体现，为了获得和满足这种力量，我们甚至愿意放弃舒适的生活乃至牺牲自我。我们每个人都感到，我们需要这种激励，它是我们人生的支柱。

一旦我们有幸受这种伟大推动力的引导和驱使，我们就会成长、开花、结果。进取心带来的激励也存在于我们体内，它推动我们完善自我，追求完美的人生。但如果我们无视这种力量的存在，或者只是偶尔接受这种力量的引导，我们就只能使自己变得微不足道，不会取得任何成果。并且，这种向上的愿望，这种至高无上的力量，也有可能会消失。一旦染上了懒惰

⊙人生的精彩来自梦想的精彩。

的习性，我们就会停滞不前。

总是有一种神秘的力量在推动我们追求更高的理想。人类的发展就像一条永无尽头的河流，我们的进取心也是永无止境的。进取心，这种内在的推动力从不允许我们停下来，它总是激励我们为了更加美好的明天而努力。我们今天所达到的境地也许足以令人羡慕，但是我们却发现，我们今日的位置和昨日的位置一样，无法让自己完全满足。一旦我们想原地踏步，耳边就会响起那个声音，听到向更高目标努力的召唤。

人生的精彩来自梦想的精彩。人的成长就好像是一个不断攀登高峰的过程，当你攀过一座又一座人生的高山时，在不断的征服和跨越中，你就会拥有一个精彩充实的人生。

进取心代表了一个人的发展方向以及他所能达到的人生高度。可以这么说，一个人的梦想有多远，他就能够走多远。

有一位出身贫寒的农家少年，每当闲暇时间，他总要拿出祖父在他 8 岁那年送他的生日礼物——一幅已被摩挲得卷边的世界地图。他年轻的目光一遍遍浏览着地图上标注的城市，飘逸的思绪亦随之纵横驰骋，渴望抵达的翅膀，在幻想的风景中自由翱翔……

15 岁那年，这位少年写下了他气势不凡的计划书——《一生的志愿》。他在书中写道：

"要到尼罗河、亚马孙河和刚果河探险；要登上珠穆朗玛峰、乞力马扎罗山和麦金利峰；驾驭大象、骆驼、鸵鸟和野马；探访马可·波罗和亚历山大一世走过的道路；主演一部《人猿泰山》那样的电影；驾驶飞行器起飞降落；读完莎士比亚、柏拉图和亚里士多德的著作；谱一部乐曲；写一本书；拥有一项发明专利；给非洲的孩子筹集 100 万美元捐款……"

他洋洋洒洒地列举了 127 项人生的宏伟志愿。不要说实现它们，就是看一看，就足够让人望而生畏了。难怪许多人看过他设定的这些远大目标后，都一笑置之。所有人都认为：那不过是一个孩子天真的梦想而已，随着时光的流逝，很快就会烟消云散。

然而，少年的心却被他那庞大的《一生的志愿》鼓荡得风帆劲起，他的脑海里一次次地浮现出自己漂流在尼罗河上的情景，梦中一次次闪现出他登上乞力马扎罗山巅峰的豪迈，甚至在放牧归来的路上，他也会沉浸在与那些著名人物交流的遐想之中……没错，他的全部心思都已经被自己《一生的愿望》紧紧地牵引着，并从此开始了将梦想转变为现实的漫漫征程。

毫无疑问，那是一场壮丽的人生跋涉，也是一场异常艰难、简直无法想象的生命之旅。他一路豪情壮志，一路风霜雨雪，硬是把一个个近乎空想的凤愿变成了一个个活生生的现实，他也因此一次次地品味到了搏击与成功的喜悦。44年后，他终于实现了《一生的志愿》中的106个愿望。

他就是20世纪著名的探险家——约翰·戈德。

有人惊讶地追问他，是凭借怎样的力量把那么多的艰辛都踩在脚下，把那么多的险境都变成了攀登的基石？

他微笑着回答道："我总是让心灵先到达那个地方，随后，周身就有了一股神奇的力量。接下来，就只需要沿着心灵的召唤前进。"

进取心是推动一个人不断前进的强大动力。约翰·戈德的成功就在于积极进取的人生态度。一旦养成一种不断自我激励、始终向着更高目标前进的习惯，很多不良习性就都会逐渐消失。进取心最终会成为一种伟大的自我激励力量，它会使我们的人生更加崇高。自此以后，那些不良的恶习就再也没有滋生的环境和土壤了。在一个人的个性品质中，只有那些经常受到鼓励和培育的品质才会不断发展。因此，根除恶习的最佳方式就是铲除它们赖以生存的土壤。

如果我们的身体和精神土壤得不到足够的照料和滋养，那么追求上进和完美的种子就无法生长，反而会使野草、荆棘和有毒的东西繁殖蔓延。只要我们心中具备哪怕只是一种最微弱的进取心，经过我们耐心的培育和扶植，它也会像天堂里的一颗种子，苗壮成长，直至开花、结果。

欲望是开拓命运的力量

一个人追求的目标越高，他的能力就发展得越快，对社会就越有益。

——高尔基

对成功的强烈渴望是一个人不断进取的精神动力。这种对成功的渴望可以时刻把我们的行动和心中的目标联系在一起。拿破仑·希尔认为，支撑人类生存和发展的一个重要因素就是欲望。只有那些拥有欲望的人，才会产生不断奋斗的勇气和决心。

松下幸之助曾经这样说："如果你想成功，那么不管做什么事，最重要的就是要有想去完成那件事的强烈欲望。如果心里一直想着不完成它绝不罢休，那么事情可以说是已成功了一半。有了这种积极的成功欲望，一定能想出完成这件事的手段或方法来。"

这段话道出了一个亘古不变的成功法则：对成功的渴望从来都是推动人们成就事业的巨大力量。

然而，仅仅拥有一般的欲望是不够的，要成功就必须拥有和保持强烈的成功欲望。

成功学大师安东尼·罗宾曾问过这样一个问题：

如果你是一个业务员，那么，对你来说是赚 1 万元容易，还是赚 100 万元容易呢？

他给出的答案是：赚 100 万元比赚 1 万元更容易。

为什么呢？因为倘若你的财富目标只是赚 1 万元，那么你的打算不过是仅仅能够糊口就成了。假使这就是你的财富目标与你工作的原因，那么请问：你自己工作的时候还会兴奋有劲吗？你还会热情洋溢吗？

历史和现实都可以证明，信心与欲望的力量可以将人从卑下的社会底层提升到上层社会，使穷汉变成富翁，使失败者重整雄风，使残疾人享有健康……欲望的力量就在于，使人在强烈的冲动下，把那些不可能的事变成可能，把"自己不行"的卑微感彻底抛开，昂首阔步地走向成功。尤其是在改变经济状况的活动中，欲望越强烈，成功的可能性就越大，离成功的目标也就越近。

1873 年，当巴恩斯从新泽西州的奥伦芝的货运列车上爬下来时，他的外表也许像一名无业游民，但是他却具有国王一样的雄心。

他通过铁路走向爱迪生办公室的途中，他想象自己站在爱迪生的面前，听见自己要求爱迪生给他一个机会，以实现他一生着了迷似的炽烈欲望——要做这位伟大发明家的商业伙伴。

巴恩斯的欲望并不只是一个希望，不是一种祈求，而是一种强烈跳跃的欲望。它凌驾于一切之上，它是明确的。

数年之后，巴恩斯再度站在爱迪生的面前，站在与爱迪生初次会面时的同一间办公室里，这一次他的欲望已经转变为事实：他和爱迪生成为合作伙伴了，支持他一生的理想终于实现了。

巴恩斯的成功，是因为他具有强烈的成功欲望，选定了一个明确的目标，并以他的全部精力、全部的意志力以及他的一切，去奔向这个目标。

这是一个由明确欲望产生力量的证明：巴恩斯达到了目标，是因为他什么都不要，只要做爱迪生的合作伙伴，他构想出一套计划，借此达到了目的。他破釜沉舟地坚持着他的欲望，直到这欲望变成了事实为止。

前往奥伦芝时，他没有对自己说："我要劝说爱迪生随便给我一个工作。"他想的是："我要见爱迪生，并且告诉他，我来是要做他事业上的伙伴的。"他也没有想："我要睁大眼睛注视着另一个机会，以防在爱迪生的企业中得不到我所要的工作。"他只告诉自己："在这个世界中只有一样东西是我决心要得到的，那便是和爱迪生在事业上合作。我

思想能控制行动

强烈渴望成功

调动一切能量去追求成功

克服、消除与成功欲望相冲突、矛盾的东西，扶植、扩大有助于成功的东西

成功的欲望变成现实

要把我的整个前途投注在我的能力上，去获得我所要的东西。"他不给自己留下一点点后路。他必须成功，否则便是毁灭。

这就是巴恩斯成功的全部方法。

不只是巴恩斯，那些成功人士的身上无一例外地都有一种渴望成功的强烈愿望，正是这种愿望使他们无论做什么事情都会和自己的目标联系在一起。因此，无论遇到什么变故或挫折，他们都能像巴恩斯一样坚强地向自己的目标挺进。

本哈根是世界上最伟大的高尔夫选手之一。他并没有其他选手那么好的体能，能力上也有一点缺陷，但他在坚毅、决心，特别是追求成功的强烈愿望方面却高人一筹。

在他玩高尔夫球的巅峰时期，不幸遭遇了一场致命的意外。在一个有雾的早晨，他跟太太薇尔在公路上开车，在一个拐弯处掉头时，突然看到一辆巴士的车灯，本哈根想这一下可惨了，他本能地把身体挡在太太前面来保护她。这个举动反而救了他，因为方向盘深深地嵌入了驾驶座。事后他昏迷不醒，过了好几天才脱离险境。医生们认为他的高尔夫生涯从此结束了，甚至断定他能站起来走路已经很幸运了。

但是他们并未将本哈根的意志与需要考虑进去。他刚能站起来走几步，就萌发了出人头地的梦想。他不停地练习，并增强臂力。起初他还站得摇摇摆摆，再次回到球场时，也只能在高尔夫球场的轻打区蹒跚而行。后来他能稍微工作、走路时，就走到高尔夫球场练习。开始只打几次球，但是他每次去都比上一次多打一次球。最后，当他重

新参加比赛时，名次很快地上升。理由很简单，本哈根看到自己是胜利者，他有必赢的强烈愿望，他知道他会回到高手之列。是的，普通人跟成功者的差别就是这种强烈的成功愿望。

卡耐基说：欲望是开拓命运的力量，有了强烈的欲望，就容易成功。成功是努力的结果，而努力又大都产生于强烈的欲望。正因为这样，强烈的成功欲望，便成了取得成功最基本的条件。如果你不想拥有平庸和失败的人生，就要有进取心和向上的欲望，并让这种欲望时时刻刻鞭策你、激励你，向着目标坚持不懈地前进。许多成功者都有一个共同的体会，那就是对成功的渴望和持续不断的努力是取得成功的关键。

20世纪心理学上的一项重大发现就是认识到思想能够控制行动。你怎样思考，你就会怎样去行动。你要是强烈渴望成功，你就会调动自己的一切能量去追求成功，使自己的一切行动、情感、个性、才能与成功的欲望相吻合。对于一些与成功的欲望相冲突、相矛盾的东西，你会竭尽全力去克服、消除；对于有助于成功的东西，你会竭尽全力地去扶植、扩大。这样，经过长期的努力和调节，你便会成为一个你所渴望的成功者，使成功的欲望变成现实。相反，你要是创富的欲望不强烈，一遇到少许挫折，便会偃旗息鼓，失掉进取心，将成功的欲望淡化或压抑下去。

每天都是一个新起点

> 我们的一切追求和作为都是一个令人厌倦的过程，做一个不识厌倦为何物的人就好。
>
> ——歌德

有一天，池沼向从自己身边奔流而过的河流问道："你整天川流不息，一定累得要命吧！你一会儿背着沉重的大船，一会儿负着长长的水筏，从我眼前奔流而过。小船小划子更不用说了，它们多得没有个穷尽。你什么时候才能抛弃这种无聊的生活呢？像我这样安安逸逸地生活，你找得到吗？我是一个幸福的闲人，舒舒服服、悠悠闲闲地荡漾在柔和的泥岸之间，好比高贵的太太们窝在沙发的靠枕里一样。大船小船也罢，漂来的木头也罢，我这儿可没有这些无谓的纷扰；甚至小划子有多重我都不知道，至多偶尔有几片落叶漂浮在我的胸膛上，那是微风把它们送来和我一起休息的。一切风暴有树林挡住，一切烦恼我也沾染不上，我的命运是再好不过的了。周围的尘世不断地忙忙碌碌，我却躺在哲学的梦里养神休息。"

"哲学家，你既然懂得道理，可别忘了这条法则，"河流回答，"水只有流动才能保持新鲜。我之所以成就了伟大壮阔，就是因为我不躺在那儿做梦，而是川流不息。我的源源不绝的水，又多又清的水，年复一年地给人们带来了幸福，为我赢得了光荣的名誉，或许我还要世世代代地川流不息下去。那时候，你的名字就不会有人知道了。"

多年以后，河流的话果然应验了，壮丽的河仍旧川流不息，池沼却一年浅似一年。池沼的表面浮着一层黏液，芦苇生出来了，而且生长得很快，池沼终于干涸了。

这个故事告诉我们这样一个道理：水只有在流动中才能够保持新鲜，人只有在不断进取的状态下才能够永葆生命的活力。既然生命不息，那就应该不断进取，超越自我。

在日常生活中，我们都有这样的感觉：好像每天都在做同样的事情。今天是昨天的重复，明天又是今天的翻版，既单调又平凡。

但如果每天只是这样翻来覆去地延续，人生就毫无希望、毫无意义了。日本著名企业家松下幸之助先生认为，倘若希望实现繁荣、和平与幸福，生活不应是单调的反复。今天应该比昨天进一步，明天则比今天进一步，也就是每天要有生成发展。那么生成发展到底是什么？对人生的意义又在何处？

按松下幸之助的理解，所谓生成发展，就是日新月异，每一刹那都是新的人生，每一刹那都有新的生命在跃动。这就是旧的东西灭亡，新的东西诞生的历程。世间的一切事物没有一刻是静止的，都不断在运动、不断在变化。这种运动和变化是随着自然法则进行的，是不可动摇的宇宙哲理。

假定生成发展是自然法则，那么每天的生活，就必须经常保持新的创意和发明。有句俗语"十年如一日"，这是说10年的努力就好像1天的努力那样充满活力，它强调的是勤劳、努力与毅力。这种十年如一日的努力，一定会产生非常新颖的创意和进步。假如大家的工作10年来没有任何变化，而是千篇一律，那么就是违反了生成发展的原理。松下幸之助曾举例说明这个道理：

在日本明治维新时，功臣之一坂本龙马常和西乡隆盛长谈，坂本龙马的谈话内容和观念每次都有一点改变，西乡隆盛每次的感受也都不一样。于是，西乡隆盛就对他说："前天，我遇到你的时候，你所讲内容和今天又不一样，所以你说的话，我有所存疑。你既然是天下驰名的志士，受到大家的尊敬，应该有不变的信念才行。"坂本龙马就说："不，绝对不是这样的。孔子说过'君子从时'，时间不停地流转，社会情势也天天在变化，昨天的'是'，成为今天的'非'，乃是理所当然。我们从'时'，便是行君子之道。"接着又说："西乡隆盛先生，你对一个事物一旦认为是这样，就从头到尾遵守到底，将来你一定会变成时代的落伍者。"

生命不息，前进不止。对于一个积极进取的人来说，每一天都是崭新的起点。

⊙生命不息，前进不止。

如果你能时刻保持进取的心态，每天都要求自己比以前有所进步，时间长了，你就能够成为一个十分优秀杰出的人。

超越自我，和自己比赛

人类的使命在于自强不息地追求完善。

——列夫·托尔斯泰

中国有句古话叫作"胜人者有力，自胜者强"，这句话告诉我们：一个人只有战胜自己、超越自己，才能够成为一个真正的强者。一个人超越不了自己，就谈不上超越别人。这不但不利于自己人生的发展，也很难在竞争激烈的社会上立足，最终只能为时代大潮所抛弃。

现在的社会是一个崇尚竞争的社会，只有不断进取，不断挑战和超越自己的人才能够成为最后的成功者。

吴士宏从一个护士职业，先后当上 IBM 华南区的总经理，微软中国总经理，TCL 集团常务董事、副总裁，靠的就是这种不断超越自己的进取精神。

外表温文、满脸带笑的吴士宏曾经是北京一家医院的普通护士。用吴士宏自己的话说，那时的她除了自卑地活着，一无所有。她自考英语专科，在她还差一年毕业时，她看到报纸上 IBM 公司在招聘，于是她通过外企服务公司准备应聘该公司，在此前外企服务公司向 IBM 推荐过好多人都没有被聘用，吴士宏虽然没有高学历，也没有外企工作的资历，但她有一个信念，那就是"绝不允许别人把我拦在任何门外"，结果她被聘用了。

据她回忆，1985 年，她凭着一台收音机，花了一年半时间学完了许国璋英语 3 年的课程。正好此时 IBM 公司招聘员工，于是吴士宏来到了五星级标准的长城饭店，鼓足勇气，走进了世界最大的信息产业公司 IBM 公司的北京办事处。

　　IBM 公司的面试十分严格，但吴士宏都顺利通过了筛选。到了面试即将结束的时候，主考官问她会不会打字，她条件反射地说："会！"

　　"那么你一分钟能打多少？"

　　"您的要求是多少？"

　　主考官说了一个标准，吴士宏马上承诺说可以。因为她环视四周，发觉考场里没有一台打字机。果然，主考官说下次录取时再加试打字。

　　实际上吴士宏从未摸过打字机。面试结束，吴士宏飞也似的跑回去，向亲友借了 170 元买了一台打字机，没日没夜地敲打了一星期，双手疲乏得连吃饭都拿不住筷子，竟奇迹般地敲出了专业打字员的水平。以后好几个月她才还清了这笔对她来说不小的债务，而 IBM 公司却一直没有考她的打字功夫。

　　靠着这种不断超越自我的意识，吴士宏顺利地迈入了 IBM 公司的大门。进入 IBM 公司的吴士宏不甘心只做一名普通的员工，因此，她每天比别人多花 6 个小时用于工作和学习。于是，在同一批聘用者中，吴士宏第一个做了业务代表。接着，同样的付出又使她成为第一批本土的经理，然后又成为第一批去美国本部作战略研究的人。最后，吴士宏又第一个成为 IBM 华南区的总经理。这就是多付出的回报。

　　1998 年 2 月 18 日，吴士宏被任命为微软（中国）有限公司总经理，全权负责包括香港在内的微软中国区业务。据说为争取她加盟微软，国际"猎头公司"和微软公司做了长达半年之久的艰苦努力。吴士宏在微软仅仅用 7 个月的时间就超额完成了全年销售额的 30%。

　　在中国信息产业界，吴士宏创下了

⊙超越自我，积极进取，不断地发展自己、丰富自己。

几项第一：她是第一个成为跨国信息产业公司中国区总经理的内地人；她是唯一一个登上如此高位上的女性；她是唯一一个只有初中文凭和成人高考英语大专文凭的总经理。在中国经理人中，吴士宏被尊为"打工皇后"。

正是这种不断超越自我的精神，成就了吴士宏事业上的辉煌。超越自我，积极进取，不断地自我发展。在眼界上，努力地汲取新知识，思考新问题，在个人能力上，不断地否定自己、超越自己，不断地给自己制定新的目标，这样你就能够在未来的社会上成为一个胜利者和成功者。

哈佛成功榜

保罗·萨缪尔森 1915 年出生，1935 年获芝加哥大学文学士学位，1941 年获哈佛大学哲学博士学位。他曾担任美国全国资源计划局、财政部、经济顾问委员会等机构的顾问，先后任计量经济学会会长、美国经济学会会长、国际经济学会会长。他发展了数理和动态经济理论，将经济科学提高到新的水平，他是当今世界经济学界的巨匠之一，他所研究的内容十分广泛，涉及经济学的各个领域，是世界上罕见的多能学者。他的巨著《经济学》流传颇广，被翻译成日、德、意、匈、葡、俄等多种文字，据报道销售量已达 100 多万册，成为许多国家和地区制定经济政策的理论根据。现在，许多国家的高等院校将《经济学》作为专业教科书。他于 1947 年成为约翰·贝茨·克拉克奖的首位获得者，并于 1970 年获得诺贝尔经济学奖。

曾有人问保罗·萨缪尔森：学习经济学最大的遗憾是什么？答曰："是不能获得诺贝尔奖。"当时诺贝尔经济学奖还未设立。

勤 奋

——攀登成功的阶梯

哈佛告诉你

　　勤奋是对成功的最好注解，也是通往成功的必由之路。勤奋是成功的秘诀，懒惰是成功的大敌。青少年要有所成就，就必须克服懒惰。一勤天下无难事，在年轻时养成勤勉努力的习惯，那么这种习惯就会成为你终身受用的法宝，它会伴随着你克服困难，取得人生的成功。

成功属于有刻苦精神的人

　　天才出于勤奋，哪里有超乎常人的精力与工作能力，哪里就有天才。

——李卜克内西

　　成功属于有刻苦精神的人。在英国小说家特罗洛普刚刚从事写作的时候，一个作家的建议使他受益终生，后来，他又把这句话送给了罗伯特·布坎南。他说："如果你想成为名垂千古的作家，在坐下来写作之前，先放一点鞋匠的粘胶在椅子上，有这样的创作精神才有希望成功。"

⊙如果你想成为名垂千古的作家，在坐下来写作之前，先放一点鞋匠的粘胶在椅子上，有这样的创作精神才有希望成功。

索尔·德拉克鲁斯是 17 世纪墨西哥著名的女诗人。她之所以能够在文学创作上取得杰出的成就，就是因为她不懈努力、勤学苦练。据说，在她十几岁的时候，她就已经成为当地有名的美女了，她不但有轻盈灵巧的身段，美丽动人的容貌，而且还长着一头人人艳羡的秀发。

当时，索尔的家人和朋友都希望她能成为一名出色的演员，因为以她的条件，做演员是再合适不过了。但是，她的志向并不是做一名演员，而是想成为一名诗人，能够经常用自己所写的美丽诗篇讴歌自己伟大的祖国和勤劳的人民。

虽然她一心想写好诗歌，但是她一开始所写的诗歌并不好，而且经常受到老师的批评。有一天，一群伙伴又跑到她家来找她出去一起玩。虽然她也很想出去，可最后还是婉言拒绝了："我这几天刚刚写了几首诗，正在请老师帮忙审阅呢！如果老师说我有进步，那我就和你们一起出去玩。如果说没有，那我就……"

因为大家都非常喜欢她，所以不想失去她这样一个很好的伙伴，于是大家就一起坐下来，耐心地等着。过了一会儿，老师拿着诗稿来了。索尔·德拉克鲁斯接过来一看，脸当时就红了，因为老师不但在上面修改了许多，而且还专门加了批语，说她进步很小，自己感到很失望，等等。索尔·德拉克鲁斯很认真地看着诗稿，一言不发，其他人也都默默地注视着她，忽然，她放下诗稿，随手抓起一把剪刀，"咔嚓"一下，就把自己那一头人人羡慕的长发剪了下来。顿时，大伙惊得目瞪口呆。

索尔·德拉克鲁斯为什么要剪掉自己美丽的头发呢？原来，为了写好诗，她给自己立下了一条规矩：如果自己在规定的时间里没有学好自己规定的课程，或者在学业上没有什么大的进步，自己就要把那一头漂亮的头发剪掉，以示惩罚。

她对自己那些还在目瞪口呆的伙伴说："如果一个人没有任何的知识和才能，而只有一个空洞的脑袋，那她就不应该有漂亮的头发作装饰！"她又一次谢绝了伙伴们的邀请，在家里认真地做起诗来！

正因为索尔·德拉克鲁斯这样严格地要求自己，不断发奋努力，她的诗才能写得越来越好，最终成为墨西哥著名的诗人。

勤奋是对成功的最好注解，也是通往成功的必由之路。古罗马有两座圣殿：一座是勤奋的圣殿；另一座是荣誉的圣殿。人们必须经过前者，才能到达后者。勤奋是通往荣誉的必经之路，那些试图绕过勤奋、寻找荣誉的人，总是被荣誉拒之门外。

成功者都有一个共同的特点——勤奋。在这个世界上，投机取巧永远都不会取得成功，偷懒更是永远没有出头之日。

王永庆的发迹使他成为台湾地区传奇式的人物。成功的原因之一，正是王永庆本人常常提及的"一勤天下无难事"的道理。王永庆有一次在美国华盛顿企业学院演讲时，谈到了他一生的坎坷经历。他说："先天环境的好坏，并不足为奇，成功的关键完全在于自己之努力。"

李嘉诚是海内外知名的企业家，曾有人问李嘉诚成功的秘诀。李嘉诚讲了一则故事：

日本"推销之神"原一平在69岁时的一次演讲会上，当有人问他推销的秘诀时，他当场脱掉鞋袜，将提问者请上讲台，说："请你摸摸我的脚板。"

提问者摸了摸，十分惊讶地说："您脚底的老茧好厚呀！"

原一平说："因为我走的路比别人多，跑得比别人勤。"

提问者略一沉思，顿然醒悟。

李嘉诚讲完故事后，微笑着说："我没有资格让你来摸我的脚板，但可以告诉你，我脚底的老茧也很厚。"

一位成功人士曾经说过："我不知道有谁能够不经过勤奋工作而获得成功。"寓言中的守株待兔的人，曾经不费吹灰之力就得到一只兔子，但此后他就再也没有得到半只兔子。所以，不要指望不劳而获的成功。

勤奋是克服"先天不足"的良药

勤能补拙是良训，一分辛劳一分才。

——华罗庚

勤奋是成功的点金石，是克服先天不足的灵丹妙药。一个勤奋的人，即使一开始没有表现出惊人的天赋和过人的才华，但是只要他能够踏踏实实、坚持不懈，最终将比那些浅尝辄止、反复无常的天才取得更大的成绩。如果你有着很高的才华，勤奋会让它绽放无限的光彩。如果你智力平庸、能力一般，勤奋可以弥补全部的不足。

爱因斯坦小的时候，有一次上制作课，老师要求每个人做一件小工艺品。课堂上，老师让学生们把自己的作品拿出来，一件一件地检查。当老师走到爱因斯坦面前时，他停住了，他拿起爱因斯坦制作的小板凳（那可不是一件成功

⊙如果你有很高的才华，勤奋会让它绽放无限的光彩。

的作品）问爱因斯坦："世上难道还有比这更坏的小板凳吗？"

爱因斯坦以响亮的回答告诉老师说："有！"

然后，他又从自己的小桌里拿出了一只板凳，对老师说："这是我做的第一只。"

一个并不手巧的人最后仍然可以因为勤奋而成为一个伟大的科学家。另一个小故事，也能说明这一道理。

古希腊有位演讲家，他的口才很好，每一次演讲都能吸引众多的听众。但他年轻的时候却有口吃的毛病，经常受到大家的嘲笑。为了改正这一缺点，他坚持天天练习说话。有的时候跑到山顶上，嘴里含着小石子，训练自己的口形，摸索发音的规律。正是勤奋不懈的努力使他改掉了口吃的毛病，说出了一口流畅悦耳的话，从而实现了做演讲家的梦想。

自身的缺点并不可怕，可怕的是缺少勤奋的精神。自身之拙，可能会成为我们成功路上的障碍，但伟人、名人都是在克服障碍后得到桂冠的。如果我们始终不放弃理想的话，即使是太行、王屋二山那么大的障碍，也会被我们用愚公移山的精神，用勤奋一点点地挖掉。NBA 的球星巴克利就是一个很好的例子。

1963 年 2 月 20 日，巴克利出生在美国亚拉巴马州一个名叫里兹的偏僻小镇里。在这个只有 6000 人的贫穷小镇，巴克利一出生就遭遇了与当时很多贫穷黑人小孩一样的不幸。刚出生 6 个星期，小巴克利就由于患有贫血症而进行了一次全身换血的大手术。幸好手术非常成功，他终究逃离了死神的恶掌，幸运地生存下来。

小小年纪的巴克利早已有了自己的目标，他要用篮球来让自己逃离贫穷，他有信心，也有决心。但当时很少有人会相信巴克利可以做到，甚至讥笑他在白日做梦，因为他没有表现出足够的篮球天赋。在高一的时候，巴克利的身高只有 178 厘米，所以他连校队也没能入选，但近 100 千克的夸张体重使得教练建议他去打美式足球。虽然如此，巴克利还是毫不动摇自己的决心，他坚持每天练球，风雨无阻，也毫不理会别人的嘲笑眼光。为了锻炼弹跳力，巴克利每天都在顶端非常尖的栏栅上跳来跳去，吓得他的母亲和外婆心惊肉跳。他要告诉每一个人，他一定可以实现自己的梦想。母亲格莲姆总是最支持儿子的人，一直在鼓励着巴克利，让他坚持自己的理想。苍天不负有心人，经过一年的苦练，巴克利的球技有了很大的进步，他终于在高二的时候进入了校队。进入校队后，巴克利只能做替补，出场时间少得可怜，但他依旧没有怨言，一上场必倾尽全力，场下他也是训练最刻苦的一个。升高三的那个夏天，巴克利奇迹般地疯长了 15 厘米，体重也增加了 10 千克。这样，巴克利就有了一个很好的篮球运动员身材，再加上他刻苦练就的一身好球技，他终于成了里兹高中篮球队的先发球员。凭着对篮球的热爱，经过不懈的努力，巴克利实现了他儿时的梦想。他终于实现了自己对母亲的承诺，用篮球给母亲带来美好的生活。

出生在一个一贫如洗的家庭，一个受尽白眼的胖小子坚持自己的理想，遭挫而不折，遇悲能不伤，最后经过自己的努力成功了。巴克利的成长经历就是一个靠勤奋克服自身局限的故事，值得我们每一个人深思。巴克利说："世上大多数人，并不知道该如何才能从芸芸众生中脱颖而出。但我在孩提时代便已经决定无论我做什么，我都一定要成功。记住！只要你下定决心要成功，那么将没有任何人能阻止你。"

天才出于勤奋。著名数学家华罗庚说：勤能补拙是良训，一分辛勤一分才。凡是在某一领域被称作天才的人，无一不是经过辛勤的汗水才换来这样的荣誉的。

东晋大书法家王羲之被后人誉为"书圣"。在教育儿子王献之习字方面，他也非常强调刻苦。王献之自小就很聪明，每天看到父亲写字时笔走龙蛇，感到很有意思。于是他就想，父亲从小就开始写字了，我为什么不能从现在起跟父亲学写字呢？

王羲之练习书法特别刻苦，有时候在吃饭时仍会沉醉在书法之中，而忘记了吃饭。有一次，因为不小心，他把酒杯给碰倒了，但是他并不去扶酒杯，而是伸出手指，蘸着泼在桌上的酒继续画着。献之看见，忍不住笑了："父亲真是个字疯子！"母亲听见了，严肃地对他说："这有什么好笑的，你父亲字写得出色，就是因为这样刻苦练出来的呀！"

"父亲的字一定会超过古代前辈的，真是太让人骄傲啦，我也要像父亲一样！"小献之很认真地说。

王羲之听了，突然抬起头，问道："孩子，你说的是真的吗？如果你真的想学，那你可得做好吃苦的准备呀！"

"当然是真的，父亲，你放心吧，我能吃苦，您从现在起教我练字吧。"一向都很贪玩的献之此时一本正经地说。从那以后，献之再也不出去玩了，而是待在家里，安心练字。连小伙伴叫他去游泳他都毫不动心。1 个月之后，献之拿了几张"得意之作"交给母亲看。

"母亲，你看这是我写的字，你觉得怎么样呀？"

母亲笑着说："有进步了！"

"那我再这样练 3 年，是不是就可以赶上父亲了呢？"

"那还远着呢！"

"5 年呢？"

"还远着呢！"

献之有些急了："那究竟要练多长时间才行呀？"

这时，王羲之从书房内走了出来，他用手指了指院子里的大水缸，说："你要能写完像这样的 18 缸墨水，那你就有可能追上我了！"献之听了，非常认真地点了点头。

从那天起，他就决定一切都从头开始，从最基本的点、横、撇、捺、钩开始练起。就这样，他足足写了 2 年。当他再把自己的字拿给父亲看时，父亲没作声；他又拿给母亲看，母亲也没作声。小献之知道，这是因为自己写得并不好，于是他回到自己的房间，继续努力。5 年之后，献之又把他写的字拿给父亲看，没想到父亲还是不说话，只是笑着摇了摇头，拿起笔在一个"大"字下面给添了一个点，这样就成了一个"太"字。

献之又把字拿着让母亲看。母亲仔细翻看了一番，最后，指着一个"太"字说："你练了这么多年的字，总算有一点像你父亲了。"献之听了，心里羞愧极了，这正是父亲给加上去的那一点呀！献之不得不承认，自己的字和父亲的相比还差很远哩。

从此以后，王献之一头扎进书房苦习书法。功夫不负有心人，王献之的书法一天比一天有进步，终于成为继自己的父亲之后又一个伟大的书法家，和他的父亲一起被称为书法史上的"二王"。

英国画家雷诺兹曾对天才做过这样的阐释：天才除了全身心地专注于自己的目标，工作非常刻苦努力之外，与常人并无两样。如果你想在自己的生涯中取得令人骄傲的成绩，就应当像王献之那样，为自己定下一个目标，并为之锲而不舍地努力。

美好的生活要靠勤劳获取

懒惰走得如此之慢，以致贫穷很快就赶上它。

——富兰克林

很久以前，有一个叫汉克的年轻人，一心想成为一个富翁。他觉得成为富翁的捷径便是学会炼金之术。

因此，他把自己所有时间、金钱和精力都花在寻找炼金术这件事情上。很快他就花光了自己的全部积蓄，家中也因此变得一贫如洗，连饭都没得吃了。妻子无奈，跑到父亲那里诉苦。她父亲决定帮女婿改掉恶习。

于是他叫来汉克并对他说："我已经掌握了炼金之术，只是现在还缺少一样炼金的东西……"

"快告诉我还缺少什么？"汉克急切地问道。

"那好吧，我可以让你知道这个秘密。我需要3千克香蕉叶的白色绒毛。这些绒毛必须是你自己种的香蕉树上的。等到收齐绒毛后，我便告诉你炼金的方法。"汉克回家后立刻将已荒废多年的田地种上了香蕉。为了尽快凑齐绒毛，他除了种以前就有的自家的田地外，还开垦了大量的荒地。当香蕉成熟后，他便小心地从每张香蕉叶上刮收白绒毛。而他的妻子和儿女则抬着一串串香蕉到市场上去卖。就这样，10年过去了，汉克终于收集够了3千克绒毛。这天，他一脸兴奋地拿着绒毛来到岳父的家里，向岳父讨要炼金之术。

岳父指着院中的一间房子说："现在你把那边的房门打开看看。"

汉克打开了那扇门，立即看到满屋金光，竟全是黄金，他的妻子儿女都站在屋中。妻子告诉他这些金子都是他这10年里所种的香蕉换来的。面对着满屋实实在在的黄金，汉克恍然大悟。

美好的生活要靠勤劳获取。只有脚踏实地，靠自己的双手辛勤劳动，才能够过上好的生活。

彼得大帝作为俄国王位的继任者，也是通过艰辛的努力才真正得到自己的王位的。和其他王室成员不一样，他经常换下宫廷服装，穿上工作服去从事劳动。他看到西欧文明的成果在俄国几乎不为人知，感到痛心疾首，便下定决心进行自我教育，提高自己国民的素质。26岁那年，正是其他的王子们耽于玩乐的年龄，他开始周游各国，他的目的并不是为了游山玩水，而是向这些国家中的优秀人员学习。在荷兰，他自愿为一位造船师当学徒。在英国，他在造纸厂、磨坊、制表厂和其他工厂里干活。他不仅细心地观察，而且像普通工人一样干活并拿到工资。

在伊斯提亚铸铁厂，他用 1 个月的时间来学习怎样冶炼金属。其他一些陪同他出访的俄国贵族子弟可能根本没有想到他们会干这样的苦活，当然最后他们也不得不背运煤块和拉风箱。他问工头穆勒，普通的铁匠每铸 16 千克的铁可以得到多少报酬。"3 个戈比。"穆勒回答说。但是工头付给彼得大帝 18 个金币。"你的金币自己留着吧，"彼得说，"我并没有比普通的工匠干更多的活，你给别人多少就给我多少吧！我想买一双鞋，我的鞋实在不能穿了。"他脚上穿的鞋已经补过一次了，现在又满是破洞。他对新鞋很满意，说："这是我用自己的汗水换来的。"彼得大帝铸造的一根铁棒现在还在穆勒的伊斯提亚铸铁厂展示，上面有他的名字。还有一根保存在匹兹堡的国家珍奇博物馆，作为对亲自参加劳动的这位伟大国王的纪念。这对每个俄国人都是很有启发的：国家要想永远地繁荣下去，不管是农民还是沙皇，都需要辛勤地工作。

彼得大帝的事例告诉我们：只有靠自己的汗水和辛勤劳动换来的生活才是最真实、最美好的生活。俗话说，天下没有免费的午餐，要想收获美好的果实，就必须付出辛勤的劳动。

许多年前，一位很有智慧的老国王召集了他的大臣，要求他们："我要你们编一本《古今智慧录》留传给子孙。"接受任务的大臣离开后，工作了很长时间，最后终于完成了一套 12 卷的巨作。国王看了说："各位先生，我相信这些都可以称得上是古今智慧的结晶，但是太多了，我想没人会愿意把它读完。精简点！"

这些大臣又努力工作了一段时间，几经删减，写成了一卷书。可国王还是认为太长，又命令他们再浓缩。从一册到一章，从一章到一段，最后一段变成了一句："天下没有免费的午餐。"国王看后终于满意了，也很得意。"各位先生，"他说，"这的确是古今智慧的结晶，我们全国各地的人若是都明白这个真理，大部分的问题就可以解决了。"

日本有一句著名的谚语："除了阳光、空气是大自然的赋予，其余的一切都要靠劳动才能获得。"

小克莱门斯的老师玛丽是一位虔诚的基督徒，每次上课之前，她都要领着孩子们进行祈祷。有一天，玛丽老师给孩子们讲解《圣经》，当讲到"祈祷，就会获得一切"的时候，小克莱门斯忍不住站了起来，他问道："如果我祈祷上帝，他会给我想要的东西吗？""是的，孩子，只要你愿意虔诚地祈祷，你就会得到你想要的东西。"

小克莱门斯当时的梦想是得到一块很大很大的面包，因为他从来没有吃过那样诱人的面包。而他的同桌，一个金头发的小姑娘每天都会带着一块这么诱人的面包来到学校。她常常问小克莱门斯要不要尝一口，小克莱门斯每次都坚定地摇头，但他的心是痛苦的。

放学的时候，小克莱门斯对小姑娘说："明天我也会有一块大面包。"回到家后，小克莱门斯关起门，无比虔诚地进行祈祷，他相信上帝已经看见了自己的表情，上帝一定会被自己的诚心感动！然而，第二天起床后，当他把手伸进书包的时候，除了一本破旧的课本，什么也没有发现。他决定每天晚上坚持祈祷，一定要等到面包降临。

后来，金头发的小姑娘笑着问小克莱门斯："你的面包呢？"

小克莱门斯已经无法继续自己的祈祷了。他告诉小姑娘，上帝也许根本就没有看见自己在进行多么虔诚的祈祷，因为，每天肯定有无数的孩子都进行着这样的祈祷，而

⊙只有自己通过努力和辛勤的汗水换来的收获才是最真实的。

上帝只有一个，他怎么会忙得过来？小姑娘笑着说："原来祈祷的人都是为了一块面包，但一块面包用几个硬币就可以买到，人们为什么要花费这么多的时间去祈祷，而不是去赚钱买面包呢？"

小克莱门斯决定不再祈祷。他相信小姑娘所说的正是自己想要知道的——只有通过实际的劳动才能获得自己想要的东西。而祈祷，永远只能让你停留在等待中。小克莱门斯对自己说："我不要再为一件卑微的小东西祈祷了。"他带着对生活的坚定信心走向了新的道路。

多年以后，小克莱门斯长大成人，当他用笔名马克·吐温发表作品的时候，他已经是勤奋而且多产的作家了。他再也没有祈祷，因为在无数个艰难的日子中，他都记着：不要为卑微的东西祈祷！只有自己通过努力和辛勤的汗水换来的收获才是最真实的。

享受劳动的快乐

> 由工作产生的疲劳，能使人感到愉快；而由懒惰产生的疲劳，只能使人在休息时感到烦躁和悔恨。
>
> ——石川达三

劳动不仅是生存的必需，而且还是一种乐趣。劳动可以让人体会到生活的意义和乐趣。法国著名画家格勒兹指出，劳动——从事各种有益的职业乃是打开幸福大门的钥匙。

无数著名人物的亲身经历早已证明了这一真理。

早期的基督教牧师都以亲自参加各种辛苦的体力劳动为荣。圣保罗主张"不劳动者不得食"。他一辈子都靠自己的双手辛勤劳作来养活自己，他为自己这样活着而感到荣幸，为自己没有欠下别人一分钱而骄傲。

当垄·波尼法斯到达英国之后，他一只手拿着福音书，另一只手拿着木匠用的尺子。后来，他又从英国辗转到了德国，他还是靠自己的木工这门手艺吃饭。

路德更是这样。路德一生干过许多活计，他干过园艺、建筑、车工工艺和钟表制造，等等。无论干什么，他都极其勤勉，他总是凭自己的劳动去获取面包。

法国新教神学家、古典学者卡佐本有一次在他的一位朋友的一再劝说之下，被迫放下工作去完全、彻底地放松几天。但他享受不了这份清闲，旋即又回到了工作岗位上，他说："我宁可带病坚持工作，也不愿意无所事事，什么事情也不干才是最令人痛苦的事情。"

劳动是一种赐福，没有劳动的生活就好像是一潭死水，没有一点活力和希望。事实上，真正的幸福绝不会光顾那些精神麻木、四体不勤的人们，幸福只在辛勤的劳动和晶莹的汗水中。懒惰会使人们精神沮丧、万念俱灰，只有劳动才能创造生活、给人们带来幸福和欢乐。

一位心理学家认为：劳动是治疗人们身心病症的最好药物。马歇尔·霍尔博士认为："没有什么比无所事事、空虚无聊更为有害的了。"一位大主教认为："一个人的身心就像磨盘一样，如果把麦子放进去，它会把麦子磨成面粉，如果不把麦子放进去，磨盘虽然也在照常运转，却不可能磨出面粉来。"

英国圣公会牧师、学者、著名作家伯顿给世人留下了一本内容深奥却十分有趣的书——《忧郁的剖析》，他在书中提出了许多独到而精辟的论断。他指出：精神抑郁、沮丧总是与懒惰、无所事事联系在一起的。懒惰是一种毒药，它既毒害人们的肉体，也毒害人们的心灵。懒惰是万恶之源，是滋生邪恶的温床；懒惰是七大致命的罪孽之一，它是恶棍们的靠垫和枕头，懒惰是魔鬼们的灵魂……一条懒惰的狗都遭人唾弃，一个懒惰的人当然无法逃脱世人对他的鄙弃和惩罚。再也没有什么事情比懒惰更加不可救药了，一个聪明然而却十分懒惰的人本身就是一种灾祸，这种人必然成为邪恶的走卒，是一切恶行的役使者，因为他的心中没有给勤劳留下位置，所有的心灵空间必然都让恶魔占据了，这正如臭水坑中的各种寄生虫、各种肮脏的爬虫都疯狂地增长一样，

享受劳动的快乐	
勤奋	懒惰
态度积极，充满希望	使人精神沮丧，万念俱灰
直面磨难，辛勤付出	逃避困难，躲避责任
创造生活，享受幸福和快乐	一事无成，两手空空

各种邪恶的、肮脏的想法也在那些生性懒惰的人们的心中疯狂地生长，这种人的心思灵魂都被各种邪恶的思想腐蚀、毒化了。

伯顿在该书的最后部分说："你千万要记住这一条——万万不可向懒惰和孤独、寂寞让步，你必须切实地遵循这一原则，无论何时何地也不要违背这一原则，只有遵循这一原则，你的身心才有寄托和依归，你才会得到幸福和快乐；违背了这一原则，你就会跌入万劫不复的深渊。这是必然的结果、绝对的律令。记住这一条：千万不可懒惰，万万不可精神抑郁。"

劳动是一种荣誉，是一种快乐，是幸福生活的源泉。年轻人要想拥有幸福快乐的生活，就应当善于体味劳动的快乐，养成勤劳的好习惯。

每天多做一点点

懒惰，像生锈一样，比操劳更消耗身体。经常用的钥匙总是亮闪闪的。

——富兰克林

富兰克林说过"做得好胜于说得好"。无论什么事，都要勤奋地做，脚踏实地地做，默默地在自己脚下多垫些"砖头"，这样，你才会更加接近成功。俗话说，一分耕耘，一分收获。生活是公平的，付出越多得到越多。每天多做一点点，积少成多，时间长了，你就会实现自己的理想，收获自己想要的成功。

神原裕司郎是一位诚实淳朴的日本青年。他没有什么学历，家庭也不富裕，但他从不自卑。因为他认为，在这个充满机会的社会，只要勤劳肯干，迟早有出头之日。从少年时代起，神原便出外打工，到18岁时，他已拥有一辆自动卸货车，每天驾驶这部车子四处去工地找活干。

一到工程现场，他就找负责人问："你们有没有工作给我做？我有一辆倒土车，工钱我是不计较的。"

他有时会遭白眼，有时没人理他，但他毫不气馁，往来于横滨、名古屋、滋贺县的工程现场找零工做。后来，他回到故乡仓敷市。

当时，仓敷水岛地区正在移山填海、大兴土木，准备开发一个庞大的新工业区。

这充满活力的情景使这个19岁的年轻人很振奋，因为他知道自己的发展机会来了。

他想，使用倒土车工作效率太低，发展实在有限，应该买一辆最新式的推土机，才不会长期在蝇头小利中打滚。但一辆轻型的推土机要100万日元，至少也得先付50万日元。于是，他把唯一的倒土车卖掉，得款25万日元，再向银行借了25万日元，买了一部推土机。

推土机买来之后，他又抱着很大的期望，像以前一样在水岛地区到处找零活做。

由于这台机器工作效率佳，神原又不斤斤计较工钱，所以，没多久，他就不用辛辛苦苦四处找工作，反而工作来找他。对找上门来的工作，神原几乎是来者不拒，每天甩开膀子大干，忙得连睡觉的时间也没有。他的收入也很可观，每天能赚6万日元。

这样超负荷地苦干一年后，神原又买了一台挖土机和一台大功率推土机。此后他的发展像旋风一般，3年后，他已拥有推土机等土木工程机械 10 台，成为一名土木工程包工头，并成立了神原重机兴业公司。到 28 岁时，神原已拥有土木工程机械 30 台，一年可做 2.6 亿日元的生意。

神原虽然已是一个公司老板，但他仍然每天驾驶着他的推土机前往工地工作。

神原曾说："没有什么潜能和专长的人，只有靠努力苦干才能有光明的前途，要想出人头地，必须付出超人一倍的努力。我常这么想，就能激发更多的精力，废寝忘食地工作。"这是神原成功的秘诀，也是所有成功人士共同遵循的原则。做一个勤奋的人，每天多做一点点。阳光每一天的第一触吻，肯定是先落在勤奋者的脸颊上的。

哈佛成功榜

亨利·艾尔弗雷德·基辛格 1923 年生于德国费尔特市，犹太人后裔，1938 移居美国，1943 年加入美国籍。1943 年至 1946 年在美国陆军服役。1950 年毕业于哈佛大学，1951 年至 1969 年任哈佛大学国际关系研究班执行主任、国际问题研究中心负责人。1973 年至 1977 年任美国国务卿，曾获 1973 年度诺贝尔和平奖，1977 年被授予美国总统自由勋章。1982 年开办基辛格"国际咨询"公司并担任董事长。1983 年任美国广播公司新闻分析员。1983 年至 1984 年任美国中美洲问题两党全国委员会主席。1986 年 9 月任美印委员会主席。1987 年 3 月任美国—中国协会两主席之一。2002 年 11 月 27 日，被美国总统布什任命为调查"9·11"事件的一个独立委员会的主席，12 月 14 日，辞去该委员会主席职务。

人生成功的秘诀，在于机会来时有准备。

——亨利·艾尔弗雷德·基辛格

注重行动

——在行动中实现梦想

 哈佛告诉你

成功在于计划，更在于行动。再美好的梦想，没有行动，就会变成空想；再完美的计划，如果缺乏行动，就会变成空谈。只有计划才能让心中的蓝图变成现实。青少年朋友要实现自己的理想，就应当注重行动，在行动中去实现自己的梦想。

只有行动才能让计划变成现实

一张地图无论多么详尽，也无法帮助它的主人前进一步。

——奥格·曼狄诺

只有行动才能让计划变成现实。一张地图，无论多么翔实，比例多么精确，也永远不可能带着主人周游列国；严明的法规条文，无论多么神圣，永远不可能防止罪恶的滋生；凝结智慧的宝典，永远不可能缔造财富。只有行动才能使地图、法规、宝典、梦想、计划、目标具有现实意义。

安妮是一个可爱的小姑娘，可是她有一个坏习惯，那就是她每做一件事时，总是爱让计划停留在口头上，而不是马上行动。

和安妮住在同一个村子里的詹姆森先生有一家水果店，里面出售本地产的草莓。一天，詹姆森先生对安妮说："你想挣点钱吗？"

"当然想，"她回答，"我一直想有一双新鞋，可家里买不起。"

"好的，安妮。"詹姆森先生说，"隔壁卡尔森太太家的牧场里有很多长势很好的黑草莓，他们允许所有人去摘。你去摘了以后把它们都卖给我，1 夸脱我给你 13 美分。"

安妮听到可以挣钱，非常高兴。于是她迅速跑回家，拿上一个篮子，准备马上就去摘草莓。

这时，她不由自主地想到，要先算一下采 5 夸脱草莓可以挣多少钱比较好。于是她拿出一支笔和一块小木板，计算结果是 65 美分。

"要是能采 12 夸脱呢？"她计算着，"那我又能赚多少呢？""上帝呀！"她得出答案，"我能得到 1 美元 56 美分呢！"

安妮接着算下去，要是她采了 50、100、200 夸脱，詹姆森先生会给她多少钱。她将时间花费在这些计算上，一下子已经到了中午吃饭的时间，她只得下午再去采草莓了。

安妮吃过午饭后，急急忙忙地拿起篮子向牧场赶去。而许多男孩子在午饭前就到了那儿，他们快把好的草莓都摘光了。可怜的小安妮最终只采到了 1 夸脱草莓。

回家的途中，安妮想起了老师常说的话："办事得尽早着手，干完后再去想。因为 1 个实干者胜过 100 个空想家。"

只有行动才能让计划变成现实。成功在于计划，更在于行动。

目标再伟大，如果不去落实，永远只能是空想。

在一次行动力研习会上，培训师做了一个活动。他说："现在我请各位一起来做一个游戏，大家必须用心投入，并且采取行动。"他从钱包里掏出一张面值100元的人民币，他说："现在有谁愿意拿50元来换这张100元人民币。"他说了几次，都没有人行动，最后终于有一个人跑

⊙目标再伟大，如果不去落实，永远只能是空想。

向讲台，但仍然用一种怀疑的眼光看着老师和那一张人民币，不敢行动。那位培训师提醒说："要配合，要参与，要行动。"那个人才采取行动，终于换回了那100元。那位勇敢参与者立刻赚了50元。

最后，培训师说："凡事马上行动，立刻行动，你的人生才会不一样。"

有这么一个笑话，也说明了行动力对于成功的重要性。

有一个郁郁不得志的年轻人每隔三两天就到教堂祈祷，而且他的祷告词几乎每次都相同。

"上帝啊，请念在我多年来敬畏您的份上，让我中一次彩票吧！阿门。"

几天后，他又垂头丧气地回到教堂，同样跪着祈祷："上帝啊，为何不让我中彩票？我愿意更谦卑地来服侍您，求您让我中一次彩票吧！阿门。"

到了最后一次，他跪着重复他的祈祷："我的上帝，为何您不垂听我的祈求？让我中彩票吧！只要一次，让我解决所有困难，我愿奉献终身，专心侍奉您——"

就在这时，圣坛上空发出一阵宏伟庄严的声音："我一直垂听你的祷告。可是——最起码，你也该先去买一张彩票吧！"

再美好的梦想，离开了行动，就会变成空想；再完美的计划，离开了行动，也会失去意义。青少年朋友要实现自己的理想，就应当注重行动，在行动中实现自己的梦想。

不要只生活在梦想里

"梦想家"只让自己置身于虚无缥缈之中，而不去抓住眼前稍纵即逝的光阴。

——罗曼·罗兰

约翰是一名年轻的乞丐。有一次，他整整一天都没有讨到吃的东西，到了傍晚，饥困交加的他靠在街道旁的一阶石梯上迷迷糊糊地睡着了。

睡梦中，约翰得到了一大笔金钱，他用这笔金钱开办了几家大公司，购置了一所带花园的别墅，娶了一位身材修长、美丽善良的姑娘。这位姑娘为他生了 3 个健壮的儿子。3 个儿子长大之后，一个成了杰出的科学家，一个当上了国会议员，最小的儿子则成了一位将军。不久，儿子们都娶妻了，给他添了几位活泼可爱的孙子。

他后来成了世界级富豪，日子过得舒坦极了，他常常带着妻子和孙子们登上市内最高的观光塔，心满意足地观赏着城市的美景。一天，当他抱着最小的孙子正在塔顶观看晚霞的时候，不知怎么的，一下子从塔顶上摔了下来……

他一下子醒了过来，睁开眼睛一看，自己仍然躺在冰冷的石板上，刚刚发生的一切都只是在梦中。只有怀中抱着的一件破棉袄仿佛在提醒他，现在最需要的是找点填肚子的东西。

这是一个关于梦想的故事。故事中的约翰做了一场根本不可能实现的、虚幻的、甜蜜的美梦，他梦里的东西太美妙了，可惜梦想不能当饭吃，他仍然面临着生存的危机。

这个故事告诉我们，梦想固然可以带给我们希望和动力，但只有矢志不移地为自己的梦想而奋斗，为自己的梦想洒下辛勤的汗水，我们的梦想才会成为现实。

西晋时期，统治者十分腐败，皇族内部为了争权夺利，互相钩心斗角，甚至不惜兵戎相见。长期的争战，给人民带来极大的灾难，边境的国防力量也大大削弱了，不少地方都被外族侵占了，国家眼看就要灭亡了。

当时祖逖和刘琨都在司州（今河南洛阳一带）做地方小官，两个人都心怀大志，性格豪爽，因此成为志同道合的好朋友。他们不愿像别人一样醉生梦死地虚度光阴，而是每天聚在一起互相学习。白天，他们在一起钻研文韬武略；晚间，他们谈论国家的发展形势。每天清晨，天刚蒙蒙亮，他们就起床了，两人一起舞刀弄剑，苦习武功。在多年的学习及生活中，两人建立了深情厚谊。

一天晚上，两人又聚在一起谈心，说到朝政的腐败，还说到不少地方的饥荒，更谈论到关西匈奴等族起兵犯境的事，两人都对国家所面临的危险局势十分担忧。这天夜里，他们一直谈到很晚才入睡。

半夜时分，祖逖就被荒野中雄鸡发出的啼鸣声惊醒了。根据当地流传的迷信说法，半夜鸡啼是一种不祥之兆。此时此刻，祖逖并没有想到自己，而是想到了国家的前途和民族的命运，想着想着，不由地心潮涌动，一时间思绪万千，再难入睡。

于是，他伸手把睡在身旁的刘琨叫醒："听到没有！有鸡在叫！这绝不是什么不祥的声音，而是提醒我们振作起来的号角啊！"刘琨听了，点了点头，觉得很有道理，于是二人摸黑来到了后院，各自寻到自己的兵器，一个使刀，一个挥剑，虎虎生威地操练了起来。也就是在那时，祖逖在心中立下了雄心大志，一定要把失去的国土重新夺回来。从此以后，二人每天晚上只要听到鸡叫，就立刻起来习功练武，从未间断过，这就是成语"闻鸡起舞"的由来。

中原最终被外族给侵占了，可是祖逖恢复中原的雄心壮志一刻也没有改变，他一直在努力着。终于，在公元 313 年，他成功地集结了一大批主要由民间力量组成的队伍，并上书朝廷，主动请命北伐。由于他指挥有方，他率领的部队一路北上打了很多胜仗，恢复了江北的大片国土，立下了旷世奇功，得到了百姓的爱戴和拥护。

祖逖之所以能立下盖世奇功，是因为他心中有梦想、有壮志，并且有持之以恒地为梦想而奋斗的毅力。

梦想是一个人成功的动力。但是梦想必须加上切实的行动才会有意义。对于"梦想"，人们有各种不同的看法。有人认为健全的人应面对现实，不应耽于幻想。也有人觉得，爱做梦的人，根本不适合在现实社会中生存。

如何将心中的梦想化为行动	
正视现实	现实当然不比想象来得令人满足，但现实是现实，并非想象可以比拟。想象的东西只有落实到现实才有意义。如果一个人能正视现实，那么，当想象不能实现时，他也不会因此而灰心，而会继续向着自己的目标、向着成功不断地迈进。
学会比较	比较，就是同别人或同以前的自己进行比较。只有不断地比较，才能发现真正的自己与世界，才能正确看待眼前的现实。
当空想实在不可抑制时，就去努力实现它	既然是空想，当然不能实现。但是，当你为了这个空想去做了，虽然不能实现，你的行动本身仍会给你带来成功。这种成功，虽然比空想的来得小，但一定比现实的来得大。
成功来自踏踏实实的努力，而非想入非非	一步一个脚印地努力，这样的要求，虽说早已是陈词滥调，可是，真理虽然朴素，却总能放出光芒。

事实上，只要能够坚持不懈地为自己的梦想而奋斗，拥有梦想并不是一件坏事。

在现实社会中，没有梦想，美国人到现在恐怕还激荡在大西洋海岸的一角！没有梦想，人类恐怕到现在还只能跷着脚仰望天上的飞鸟……

记住，一旦有了梦想，就必须拥有实现梦想的坚强意志和决心。如果像前文中的乞丐一样有梦想而没有努力，有愿望而不能拿出力量来实行，愿望永远也不会实现。

梦里的东西最美，现实的东西最真，只有通过艰苦的工作、不断的努力，才能将梦想变成现实。

用目标激励行动

> 只要不丧失目标，走得最慢的人，也比漫无目的地徘徊的人走得快。
>
> ——莱辛

目标是一个人成功路上的里程碑。目标能给你一个看得见的靶子，当你一步一个脚印去实现这些目标时，就会有成就感，就会更加信心百倍，向高峰挺进。

成功学专家拿破仑·希尔说过，不甘做平庸之辈的人，必须要有一个明确的追求目标，这样才能调动起自己的智慧和精力，全力以赴为自己的目标而行动。

目标是一种持久的热望，是一种深藏于心底

⊙目标能给你一个看得见的靶子，当你一步一个脚印地去实现这些目标时，就会有成就感，就会更加信心百倍。

的潜意识。它能长时间调动你的创造激情，调动你的心力。你一旦具有强烈的愿望，就会产生一种原子能般的动力，就会有一种钢铸般的精神支柱；一想到你的目标，你就会为之奋力拼搏，就会忘我地投入行动。

弗拉伦兹·恰克，是第一位横渡英吉利海峡的女性。1952 年 7 月 4 日，在浓雾中，她走下加利福尼亚以西 37 千米的卡塔标纳岛，向加州游去，她要成为第一个横渡这个海峡的女人。雾很大，甚至瞧不见领航的船只。海水冻得她浑身都麻木了，海中还有鲨鱼，时时在威胁着她。

15 个小时过去了，她感到自己不能再游了，她要放弃了。

她的母亲和教练在另一条船上。他们都告诉她离海岸很近了，叫她不要放弃，但朝加州海岸望去，她发现，除了浓雾外什么也看不到。

过了一会儿，在她的坚持下，人们把她拉上了船。

到了岸上，她渐渐觉得暖和多了。这时，她才发现，人们拉她上船的地点，离加州海岸只有 800 米左右。

一时间，她感到了失败的打击。

后来，她不无懊悔地对记者说："说实在的，我不是为自己找借口，如果当时我看见陆地，也许我能坚持下来。"

其实，令她半途而废的不是疲劳，也不是寒冷，而是她在浓雾中看不到目标。弗拉伦兹·恰克一生中就只有这一次没有坚持到底。

2 个月后，她终于成功地游过了同一个海峡。

目标是一个人行动的动力，现实生活中，我们发现那些最终获得成功的人始终会将目光集中在他们的目标上，他们常常在向目标奋进的过程中运用想象提醒自己的目标所在。

奥林匹克运动会十项全能金牌获得者詹姆斯·卡特为了实现自己的目标，用运动器械装备了整个寓所，以便每天提醒他去实现自己的目标。他将十项全能每个项目的器械放在他不训练时也不得不看到的地方，跨高栏是他最差的一项，他就将一个栏放在起居室的正中央，每天必须跨越 30 次；他的门把手是个铅球；杠铃就放在室外廊檐下；撑竿跳高用的竿子和标枪在沙发后竖立着；壁橱里放着他的运动制服、棉织套服和跑鞋。詹姆斯说这种不寻常的陈设在他准备奥运会夺冠的过程中，帮助他改善了他的竞技状态。

已故网球名将阿瑟·艾虎早年也有类似的经验。

艾虎是打破网球界人种限制的唯一特例，在他之前，网球界一直是白人的天下。他的一生可说是一连串设定并达到目标的过程。

艾虎一生都坚持这样的信念："每次你订立一个目标，然后完成那个目标，这样你就可以在目标的激励下不断前进。"

他订立一个目标，一旦达到那个目标，他就再订立一个新的目标。为什么呢？他解释道："我相信，自信能改变一个人。自信也能扩散到生活中很多不同的层面，使你不但对自己的专长更有自信，而且还会对很多其他的事提高信心。相信自己也能做到，大可运用在其他工作或另外一组目标上。"

艾虎就是运用这种订立目标的方法，登上了网球王座的。他说："我早年的几位教练常订立清楚明确的目标，这正是我愿意遵循的。这些目标不见得一定要像赢得巡回赛这么重大，而是将一些有待克服的困难、需要努力与计划的事订立为目标。如果能达到这个目标，一定会有某种收获。不过我要再强调，不是只有赢得巡回赛才可以作为目标，往往一些小目标渐渐一个个地达到后，我自己都会意外地发现：'嘿！我距离得大奖已经越来越接近了。'"

艾虎一直以这种方式参加高难度的比赛。他说："参加巡回赛，总想能进入复赛。比赛时，总希望漏接的反手球不超过某个数字。或者是必须锻炼体力到一定的程度，天气太热时，才不至于很快就感到疲倦。这一类的小目标，可以帮助你将成为世界第一或赢得巡回赛这类的远大目标分解开来，变得更容易。"

因发现 DNA 结构而荣获诺贝尔奖的美国科学家莫里斯·威尔金斯说道："癌症的种类实在太多了。我正设法治愈某些癌症。当然我们希望能治愈的越多越好。但是，你一定要把治疗某类癌症这一目标分解成很多短期内可以完成的中程目标。明天就治愈结肠癌不能算是中程目标，我们目前的目标只是先认识这个病症。这个过程还牵涉很多不同的步骤。没有人愿意身陷挫折之中。每次实现一个小目标，将会是你快乐的源泉。"

用目标激励行动，你会发现自己在完成了一个又一个目标之后，正一步步地走向成功，而不是总耽于空想或者疏于行动。

做好行动前的准备

只有最充分的准备才能换来最好的结果。

——拿破仑·希尔

第二次世界大战期间，具有决定性意义的诺曼底登陆是非常成功的。为什么那么成功呢？原来美英联军在登陆之前做了充分的准备。他们演练了很多次，他们不断演练，演练登陆的方向、地点、时间以及一切登陆需要做的事情。最后真正登陆的时候，已经胜券在握，登陆的时间与计划的时间只相差几秒钟。这就是准备的力量。

古人说得好，有备无患。只有充分准备才能换来最好的结果。一个人准备工作做得越充分，成功的可能性就越大，我们常说：养兵千日，用兵一时。这也是一种准备哲学。

⊙ 只有最充分的准备才能换来最好的结果。

飞人迈克尔·乔丹是美国篮坛有史以来最顶尖的球员，被称为篮球之神。

他具备所有成为篮球王的特质和条件，他打任何一场篮球比赛，胜算都是很大的。但是，他在参加任何一场重要的赛事之前，都会练习，练习投篮，练习基本动作。他是球队练习最刻苦的人，他是准备工作做得最充分的人。

在吸引了几乎全世界人眼球的拳坛世纪之战中，当时正如日中天的泰森根本没有把已年近40岁的霍利菲尔德放在眼里，自负地认为可以毫不费力地击败对手。同时，几乎所有的媒体也都认为泰森将是最后的胜利者。美国博彩公司开出的是22赔1泰森胜的悬殊赔率，人们也都将大把的赌注押在了泰森身上。

在这种情况下，认为已经稳操胜券的泰森对赛前的准备工作——观看对手的录像，预测可能出现的情况及应对措施，保证自己充足的睡眠和科学的饮食方面都敷衍了事。

但是，比赛开始后，泰森惊讶地发现，自己竟然找不到对手的破绽，而对方的攻击却往往能突破自己的漏洞。于是，气急败坏的泰森做出了令全世界都感到震惊的举动：两次怒咬霍利菲尔德的半只耳朵！

世纪大战的最后结局当然是：泰森成了一位可耻的输家，还被内华达州体育委员会罚款600万美元。

泰森输在准备不足。当霍利菲尔德认真研究比赛录像，分析他的技术特点和漏洞时，泰森却将教练准备的资料扔在了一边；当对手在比赛前拼命热身，提前进入搏击状态时，他却和朋友在一起狂欢。虽然泰森的实力确实比对手高出一筹，从年龄上也占尽了优势，但他最后却一败涂地。

霍利菲尔德的成功和泰森的失败重要的一点在于准备。是的，每一个差错往往因准备不足，每一项成功又往往因准备充分。

只有真正地重视准备，扎实地把准备工作都做到位，才能从根本上保证你不犯或少犯错误。葡萄牙波尔图足球队的主教练、被称为"上帝第二"的穆里尼奥说过一句很著名的话:"当准备的习惯成为你身体的一部分,它就会永远在那里,并帮助你取得令人惊讶的胜利。"

穆里尼奥率领球队征战欧洲冠军联赛时,几乎没有人相信他们能杀入决赛,更别提夺取冠军了。但结果却使所有人都大跌眼镜,这个从队员到主教练都无名的俱乐部,竟然得到了欧洲足球的最高荣誉。

确实,波尔图的队员们和皇马、米兰等大牌球队的球星相比,无论名气上还是实力上都相差悬殊;当时的穆里尼奥和卡佩罗、马加特、扎切罗尼等知名教练相比,也不可同日而语。但穆里尼奥却有一个胜利的武器:对准备工作超乎寻常地重视。他几乎观看了所有对手最近的每一场比赛,可以说,所有对手的技术特点、战术风格、最近的状态……他都了如指掌;甚至对比赛当天的天气、场地草皮的状况,他都进行了详细的了解并制定了相应的对策。结果在决赛当天,他使用的队员、阵形、战术打法都直指对方的软肋,就像他夺冠后所说的那样:"如果大家知道我们为了取得胜利而研究了多少场比赛,准备了多少资料,筹划了多少方案,就会认为这个冠军我们当之无愧。"

功成名就的穆里尼奥在夺冠的第二年来到英超球队切尔西,这里汇集了很多世界级的大牌球员。当穆里尼奥和这些队员们第一次见面的时候,他所做的第一件事是打开随身携带的笔记本电脑,开始如数家珍地介绍这些球员:从技术风格、进球数、身高体重,甚至详细到哪些是左脚打进的、哪些是右脚打进的,都了如指掌。穆里尼奥的这一举动一下子就震住了这些球星。不过,这只是开始,他们更没有想到的是,主教练这种近乎完美的准备工作会使他们在后面的比赛中取得一个又一个胜利。

提起准备,也许有人会说:"准备没有什么了不起。"但就是这不起眼的准备,却能造就神奇的成功;反之,也能造成痛苦的失败。

拒绝拖延，今日事今日毕

> 虚度今天，就是毁了昔日成果，丢了来日前程。
>
> ——李大钊

拖延是无谓的耽搁，不仅无助于问题的解决，而且还会让问题变得越来越糟。那些遇事拖延的人只会让自己处处陷入被动，即便是机会到了他们面前，他们也抓不住。

有一位猎人，带着他的袋子、弹药、猎枪和猎狗出发了。虽然人人劝他在出门之前把弹药装进枪筒里，他还是带着空枪走了。

他嚷道，"以前我没有去过吗？而且不见得我出生以来，天空中就只有一只麻雀啊！我真正到达那里，得一个钟头，哪怕我要装100回子弹，也有的是时间。"

仿佛命运女神在嘲笑他的想法似的，他还没有走过开垦地，就发现一大群野鸭密密地浮在水面上，我们的乡村猎人一枪就能打中六七只，毫无疑问，够他吃上一个礼拜的，如果他出发时就在枪筒内装好了子弹的话。如今他匆匆忙忙地装着子弹，可是野鸭发出一声鸣叫，一齐飞起来了，高高地在树林上方排成长长的一列，很快就飞得看不见了。

他徒然穿过曲折狭窄的小径，在树林里奔跑搜索。树林是个荒凉的地方，他连一只麻雀也没有见到。更糟糕的是，一声霹雳，大雨倾盆。浑身都是雨水，袋子里空空如也，猎人只好拖着疲乏的脚步走回家去了。

我们在一生中，总有种种的憧憬、种种的理想、种种的计划。假使能够将一切憧憬都抓住，将一切理想都实现，将一切计划都执行，那么事业上的成就，不知要怎样的宏大，我们的生命，不知要怎样的伟大。然而我们却总是惯于拖延，一拖再拖，有理想不能实现，有计划不去执行，终于坐视种种憧憬、理想、计划幻灭并消逝。

梦想和成功并不遥远。如果下定决心立刻去做，你心中最热望的梦想定会实现。王牌保险销售员查尔斯正是如此。

查尔斯是一个打猎爱好者，他最喜欢的生活是带着钓鱼竿和猎枪步行 25 千米到森林里，过几天以后再回来，虽然筋疲力尽、满身污泥，却快乐无比。

这类嗜好唯一不便的是，他是个保险推销员，打猎钓鱼太花时间。有一天，当他依依不舍地离开心爱的鲈鱼湖，准备打道回府时，突发异想：在这荒山野地里会不会也有居民需要保险？那他不就可以在户外逍遥的同时工作了吗？结果他发现果真有这种人：他们是阿拉斯加铁路公司的员工。他们散居在沿线 50 里各段路轨的附近。那可不可以沿铁路向铁路工作人员、猎人和淘金者拉保呢？

查尔斯就在想到这个主意的当天便开始积极计划。他向一个旅行社打听清楚以后，便搭上船直接前往阿拉斯加。

查尔斯沿着铁路沿线开始了他的工作。很快他就成为那些与世隔绝的家庭最欢迎的人，不只因为在他之前没有人愿意跟他们打交道，还因为查尔斯代表了外面的世界。查尔斯还学会了理发，替当地人免费服务。他还无师自通地学会了烹饪，由于那些单身汉吃厌了罐头食品和腌肉，他的手艺自然使他变成了最受欢迎的贵客。同时，他也正在做自己最想做的事，徜徉于山野之间、打猎、钓鱼，过着自己想要的生活。

今日之事今日毕。今日有今日的事，明日有明日的事。今日的计划，今日的事情，今日就要去做，一定不要拖延到明日，因为明日还有新的计划和新的事情。

那些在事业上成功的杰出人士总能够克服一般人都会具有的拖延的毛病，就是因为他们明确地知道时间的易逝、时间的可贵，所以，对于时间，他们总是像对待生命那样珍惜。

维克多·雨果是 19 世纪法国著名作家。有一回，他为了创作一部新作品，紧张地投入到工作中。可是，外面不断有人来邀他去赴宴，出于礼节，他不得不去，为此浪费了好多时间。最后，他想出了一个绝妙的办法，把自己的头发剪去一半，又把胡子剪掉，再把剪子扔到窗外。这样，他就不好出去会客，不得不待在家里专心致志地埋头创作。他把这种办法称之为"合理的方式"。

拖延是每个人都会有的坏习惯，那些杰出人士为了打败拖延这个敌人，往往会给自己制订一张严密而又紧凑的工作计划表，然后坚决地去执行它。

人们问富兰克林："你怎么能做那么多的事呢？""您看看我的时间表就知道了。"他的作息时间表是什么样子呢？5 点起床，规划一天事务，并自问："我这一天要做些什么事？"上午 8 点至 11 点，下午 2 点至 5 点：工作。中午 12 点至 1 点：阅读，吃午饭。晚 6 点至 9 点：吃晚饭、谈话、娱乐、考查一天的工作，并自问："我今天做了什么事？"

朋友劝富兰克林说："天天如此，是不是过于……""你想爱生命吗？"富兰克林摆摆手，打断朋友的话，"那么别浪费时间，因为时间是组成生命的材料。"

平庸的人总是有着计划而不去执行，而优秀的人总是知道：做以前留下来的事情，会是多么不愉快，而且让人觉得困难丛生。

拖延的习惯往往会妨碍人们做事，会打消一个人做事的热忱，消灭人的创造力。杰出的作家、翻译家林语堂先生对这个问题有一个非常艺术化的比拟：有一天，一个神奇美妙的影像，突然闪电一般地袭入一位艺术家之心胸。但是他不想立刻提起画笔，将那不朽的影像形成在画布上；这个影像占领了他全部的心灵，然而他总是不跑进画室，埋首挥毫；最后，这幅神奇的图画，渐渐地在心灵上淡去了！

塞万提斯说："取道于'等一会儿'之街，人将走入'永不'之室！"说的正是这个道理。

　　命运无常，良机难再。那些卓越人士的成功就在于，每当有某种天才的、美妙的设想出现在心里的时候，他们绝不会拖延，而是抓住机会，动手去做。

哈佛成功榜

西奥多·罗斯福　　（1858 ～ 1919 年），人称老罗斯福，美国军事家、政治家，第 26 任总统（1901 ～ 1909 年）。他出生在纽约市，有兄妹四人。1876 年，进入哈佛大学学习。1880 年从哈佛毕业后，进入哥伦比亚大学法学院。1881 年，他出版了第一部著作《1812 年战争中的海战》，这本书成为美国海军学院必修课材料。1881 年他得到进入纽约州下议院的机会，于是他从法学院退学，开始公务生涯，曾任海军副部长，1900 年当选副总统。1901 年总统威廉·麦金莱被无政府主义者刺杀身亡，他继任成为美国总统。在总统任期内，对内建立资源保护政策，保护了森林、矿产、石油等资源；建立公平交易法案，推动劳资和解。对外奉行门罗主义，实行扩张政策，建设强大的军队，干涉美洲事务。他因成功地调停了日俄战争，获得 1906 年的诺贝尔和平奖，是第一个获得此奖项的美国人。

　　失败固然痛苦，但更糟糕的是从未去尝试。

——西奥多·罗斯福

负责

——责任感伴你走向成熟

哈佛告诉你

责任心是一个人成长的动力，对家人、对朋友、对国家的责任都可以成为我们奋斗的动力。同时，承担责任也是一个人走向成熟的标志。当一个人的责任心在心底萌发时，就是走向成熟的开始。青少年作为未来社会的主人翁，应当学会自觉地为祖国、为社会、为家人担负起自己责任的意识，在承担责任的过程中不断地成长，走向成熟。

责任是一个人成长的动力

人一旦受到责任感的驱使，就能创造出奇迹来。

——门肯

责任是一个人成长的动力。美国总统林肯曾这样说过："我——对全美国人，对基督世界，对历史，而且，最后，对上帝负责。"林肯成就了自己的伟大人生，得到了世人的尊敬与敬仰，应该说这与他的责任感不无关系。人活在世上，难免要承担各种责任——家庭、亲戚、朋友、国家、社会等方面的责任。这些责任既是我们的义务，同时也是我们成长的重要动力。

1957 年诺贝尔文学奖的获得者阿贝尔·加缪出生在一个贫苦的家庭。在他还不懂事的时候，父亲就在战场上牺牲了，只剩下母亲与他相依为命。因为家里没有什么积蓄，小加缪和母亲的生活特别艰难。但是，为了不让儿子在同伴中感到自卑，在小加缪到了上学年龄以后，母亲还是毫不犹豫地把他送到了学校。可是，懂事的小加缪很快就发现，因为自己上学又增加了学费和其他一些花销，母亲肩上的担子更重了。母亲每天都努力地工作着，由于经常熬夜，才三十几岁的人，脸上就已经早早地爬满了皱纹。懂事的小加缪看在眼里，疼在心里。

一天晚上，加缪又伏在那盏小煤油灯下复习功课，写完作业之后，他看见母亲还在忙碌，自己又帮不上忙，就早早地上床睡觉了。半夜里，加缪忽然被一阵咳嗽声惊醒了，睁开眼睛一看，母亲还没有睡，她正借着微弱的灯光缝补衣服呢。小加缪再也忍不住了，他一骨碌从被子里爬起来："……妈妈，我以后再也不能让你这么辛苦了，你看，我已经长大了，是个小男子汉了，我想出去找点活儿干，减轻一下家里的负担。"

儿子善解人意的话，让母亲的眼睛湿润了。她把小加缪紧紧地搂在怀里，泪水顺着面颊流了下来。

看见母亲流下眼泪，小加缪有些不知所措："妈妈，难道我说错了吗？你为什么哭了？"

"好孩子，你没有说错。可是你现在还太小了，妈妈怎么舍得让你去干活儿呢？你现在需要的是好好学习，只有等你长大了，才能帮助妈妈减轻负担呀。"母亲抚摸着加缪的头轻轻说。

听了母亲的话，小加缪认真地点了点头，从那以后，他学习更认真了。但是，无论母亲怎么努力，他们家的生活还是越来越困难。读完小学以后，在小加缪的一再央求下，母亲终于同意了他的要求，让他去做些事情，帮助家里减轻负担，但前提是不能耽误自己的学习。从那以后，小加缪一边读书，一边劳动。一开始，他找到了一份扫大街的工作。对小加缪来说，这份工作无疑是份苦差事。因为他每天不仅需要很早起床，还要拿着几乎跟他一样高的扫帚去扫大街，人小，扫的地方又大，小加缪常常累得满头大汗。

为了给母亲减轻负担，小加缪努力着坚持过来了。后来，小加缪又到一个饭馆里去洗碗。这个工作和扫大街的工作比起来更辛苦，加缪和几个小伙计每天都拼命干活，还常常不能按时洗完那些小山一样高的碗碟。

艰难的生活让加缪经受了磨炼，也培养了他刻苦勤奋的优良品质。后来，他通过自己的不懈努力，考取了大学，并最终获得了诺贝尔文学奖，成为举世瞩目的大文学家。

成就加缪的是什么？答案可以找出很多，但毫无疑问，加缪对母亲的爱，对家庭的那份责任感，是帮助他走过那段灰暗日子的精神支柱，也是加缪最具光彩的人生财富。

小加缪的成长带给我们一个启示：责任是一个人成长的动力。对家人、对朋友、对国家的责任都可以成为我们奋斗的动力。成功的人不仅承担责任，他们还希望增加责任，以便激发更多的能力。事实上，你承担的责任越多，你处理事情的能

○责任是一个人成功的动力。

力就越强。一个人的能力是用不完的。你也许会用完时间，但是你不会用完能力，能力是越用越多的，如同智慧一样。不要躲避任何发挥自己能力的机会。承担责任、抓住机会，因为这会增加你的能力。

责任伴你走向成熟

> 我们到这个世界上来是为了一个聪明和高尚的目的，必须好好尽我们的责任。
>
> ——马克·吐温

有一次，我国有一位青少年教育专家到华盛顿参加完一个国会的听证会，出来在路边等车，看见一个母亲和一个 3 岁左右的小孩过马路。那个小孩不小心摔了一跤，母亲走了过去，对小孩说："汤米站起来！"小孩继续在地上耍赖。母亲的声音越来越大，表情越来越严肃："站起来！"小孩立刻站起来了。母亲把小孩带到路边就开始训斥："汤米，你看看你刚才，像个男子汉吗？还说长大了要保护妈妈，你那个样子能保护我吗？做事情不能担负自己的责任，还妨碍交通。"3 岁的小孩含着眼泪，被母亲带走了。

这位教育专家被这一场景深深感动了，后来他在自己的一篇文章中写道："多么负责任的母亲呀！我们有理由相信，她的孩子将来一定能够承担起对父母、家庭、国家的责任。"

责任可以让一个人更快地成熟起来。一个人要想跨进成功的大门，他必须持有一张门票——责任心。责任心是每个人都必须具备的品质，同时也是一个人走向成熟的重要标志。

本杰明·富兰克林小时候很喜欢钓鱼，他把大部分闲暇时间都花在了那个磨坊附近的池塘旁边。在那儿，他可以钓到从远方游来的鲽鱼、河鲈和鳗鲡。

一天，大家都站在泥塘里，本杰明对伙伴们说：“站在这里太难受了。”

“就是嘛！”别的男孩子也说，“如果能换个地方多好啊！”

在泥塘附近的干地上，有许多用来建造新房地基的大石块。本杰明爬到石堆高处。“喂！”他说，“我有一个办法。站在那烂泥塘里太难受了，泥浆都快淹没到我的膝盖了，你们也差不多。我建议大家来建一个小小的码头。看到这些石块没有？它们都是工人们用来建房子的。我们把这些石块搬到水边，建一个码头。大家说怎么样？我们要不要这样做？”

“要！要！”大家齐声大喊，“就这样定了吧！”

他们决定当晚再聚到这里开始他们伟大的计划。在约定的时间里孩子们都到齐了，开始搬运石块。最后，他们终于把所有的石块都搬来了，建成了一个小小的码头。

“伙计们！现在，”本杰明喊道，“让我们大喊三声来庆祝一下再回去，我们明天就可以轻轻松松地钓鱼了。”

“好哇！好哇！好哇！”孩子们欢叫着跑回家去睡觉了，梦想着明天的欢乐。

第二天早晨，当工人们来做工时，惊奇地发现所有的石块都不翼而飞了。工头仔细地看了看地面，发现了许多小脚印，有光着脚的、有穿着鞋的。沿着这些脚印，他们很快就找到了失踪的石块。

“嘿，我明白是怎么回事了，”工头说，“那些小坏蛋，他们偷石头来建了一个小码头。不过，这些小鬼还真能干。”

他立即跑到地方法官那儿去报告。法官便下令把那些偷石头的家伙带进来。

幸好，石头的主人是一位绅士，他十分尊重本杰明的父亲，而且孩子们在这整个事件中体现出来的气魄也让他觉得非常有趣。因此，他不加追究地放了他们。

但是，这些孩子们却要受到来自他们父母的教训和惩罚。在那个悲伤的夜晚，许多荆条都被打断了。至于本杰明，他更害怕的是父亲的训斥而不是鞭打。事实上，他父亲的确是愤怒了。

"本杰明，过来！"富兰克林先生用他那一贯低沉严厉的声音命令道。本杰明走到父亲的面前。"本杰明，"父亲问，"你为什么要去动别人的东西？"

"唉，爸爸！"本杰明抬起了先前低垂的头，正视着父亲的眼睛，"要是我仅仅是为了自己，我绝不会那么做。但是，我们建码头是为了大家都方便。如果把那些石头用来建房子，只有房子的主人才能使用，而建成码头却能为许多人服务。"

"孩子，"富兰克林严肃地说，"你的做法对公众造成的损害比对石头主人的伤害更大。我的确相信，人类的所有苦难，无论是个人的还是公众的，都来源于人们忽视了一个真理，那就是罪恶只能产生罪恶。正当的目的只能通过正当的手段去达到。"

富兰克林一生都无法忘记他和父亲的那次谈话。在他以后的人生道路上，他始终实践着父亲教给他的道理。

责任可以让一个人变得更加成熟。当一个人的责任心在心底萌发时，就是他走向成熟的开始。美国总统肯尼迪在就职演说中说："不要问美国给了你们什么，要问你们为美国做了什么？"这句关于责任的经典话语激励了无数美国青年。同样，也能够为我们的成长带来很重要的启示。作为新世纪主人的我们，应当主动去为祖国、为社会、为家人负起自己的责任，这样才能够在承担责任中不断地成长，走向成熟。

责任传递责任

> 我们的责任比我们想象的更为重大得多，因为它和全人类都有关系。
> ——萨特

责任是一种富有感染力的精神。它们可以在人们之间互相传递和接力下去。一个人承担起责任,并时刻保持一种高度的责任感,能够让其他的人受到感染,树立起自己的责任感。

李娟和李果是一对姐妹。在一个风雪交加的下午,李娟在家里的邮箱中发现了一封信,这封信是寄往本市的另一户人家的,可能是邮递员一时疏忽给放错了地方。

"姐姐,这可怎么办?"李果问。"等邮递员下次来时再取走吧。"李娟说。

"可姐姐,邮递员3天才来一次呢!要是有什么急事,那不就耽误了吗?"

"那你说怎么办,爸爸妈妈又不在家。"

姐妹俩一时也不知该怎么办。送去,外面风雪交加,两个孩子有些胆怯,因为李果9岁,李娟也只有11岁。不送,要是人家有急事耽误了可怎么办呢?

"我觉得我们还是应该送去,虽说和他们是陌生人,但我们收到了别人的信,理应给别人送去,这也是我们应该做的,你说呢?"李娟说。

"姐姐,我也是这么想的。我们一起去吧。"

就这样,两个小女孩穿好衣服,带着这封信就走进了风雪中。这封信是寄往一个叫K街30号的地方,她们俩也不知道K街30号到底有多远,她们俩一路走一路打听。

"嘿,我说小孩,这么大的雪还出来干吗?大河沿路,远着呢,怎么不让你们的父母带你们去?一直走,到第五个路口向右拐,然后再打听。"一个陌生人这样对姐妹俩说。

李娟和李果深一脚浅一脚相互搀扶着往前走,雪太大了,她们看不清前方。

"果儿,我们一定会把信送到的,对吗?"李娟问。

"我也是这么想的,姐姐,一定会的。"李果坚定地说。

她们走了很长时间，终于来到了 K 街 30 号。姐妹俩高兴极了。

门开了。

出来了一位年轻的女人。"你好，孩子，你们干吗?"年轻的女人问。

"这是 K 街 30 号吗?"

"对呀，有事吗?"

"是这样的，我们家住在 M 街 30 号，邮递员把你家的信送到了我家，我们给您送来了，怕您着急。"李娟说。

年轻的女人向外看了看:"就你们俩，没有大人吗?"

年轻的女人感激地看着这两个孩子，不停地说谢谢。

这件事情过了 1 个月之后，有一天，一个陌生的男子来到了李娟的家。陌生人说:"我是住在 K 街 30 号的，1 个月前，我的信被误送到你家，是你的两个孩子冒着大雪给我送回家的。多亏了这两个孩子，当时我的父亲病重急需一笔钱，那封信是让我给家里送钱的，晚了我的父亲就活不了了，太谢谢孩子们了。"

李娟的父母笑了，他们并不知道自己的孩子做了一件这么伟大的事情。

"还有一封你们家的信，"男人掏出了一封信，"如果没有这两个孩子的这种责任感，我想我是不会给你们送过来的，而是要等到邮递员来取走，你们的孩子让我懂得了什么是责任。"

这个故事中的情景可能是一种巧合，然而巧合之中却折射出这样一个永恒的真理:你怎样对待别人，别人就会怎样对待你，如果你对周围的人时刻保持一种高度的责任感，那么其他的人也会受到你的感染，将这份责任传递下去。责任传递责任，整个社会就会变成一个互相关爱、互相负责、团结友爱的和谐社会。

责任让你更加勇敢

责任心带给一个人的勇气是无法抵挡的。

——罗曼·罗兰

　　责任是我们每个人必须承担和无法逃避的，责任使我们的人生变得有意义和有价值，没有责任的人生是苍白且乏味的。尽管在我们承担责任的过程中，不可避免地也要承担起压力和面对各种困难，但一个真正能够承担起责任的人，是会勇敢地面对这些困难和压力的。事实上，责任能够赋予我们走出逆境的勇气和决心。

　　曾经看到过这样一个感动心灵的故事：

　　森林里，一只母虎正给小虎仔喂奶，它没发现猎人正悄悄地走近它。当它终于感觉到危险的时候，猎人已经举起了长矛。母虎想逃跑，但它又舍不得自己的孩子，为了救孩子，它放弃了逃跑，而是冲着猎人怒吼而去。发狂的母虎极其凶猛，吓得猎人掉头就跑。

　　就这样，母虎凭着自己的勇敢，救了自己的孩子。

　　我们当然可以认为这是老虎的本能，但它也有逃生的本能，为什么在一刹那，它没有选择逃跑而选择了迎向危险？或许是责任让它变得勇敢。

　　一些人常常在最艰难的时候，才变得异常的勇敢。当他们走出困境的时候，他们甚至会对自己的勇敢表示难以置信。其实，就是责任让他们变得勇敢起来的。唯有责任，才会让一个人超越自身的懦弱，真正勇敢起来。

　　责任能够产生勇气和力量，它能够让人战胜懦弱和恐惧，战胜死亡的威胁，战胜一切困难。

有一个由业余登山爱好者组成的登山队，他们要对世界第一峰——珠穆朗玛峰发起挑战。虽然人类攀登珠穆朗玛峰已经不止一次了，但这是他们第一次攀登世界最高峰。队员们既激动又信心十足，他们有决心征服珠穆朗玛峰。

经过考察后，他们选择自己状态很好、天气也很好的一天出发了。攀登一直很顺利，队员们彼此互相照应，没有出现什么问题，高原低氧的情况也基本能够适应，在预定时间，他们到达了 1 号营地。大家都很高兴，因为有了一个良好的开始，就等于成功了一半。

第二天，天气突然发生了变化，风很大，还有雪。登山队长征求大家的意见，要不要回去，因为要确保大家的生命安全。生命只有一次，登山却还有机会。但是大家都建议继续攀登，登山本来就是对生命极限的一种挑战。

⊙责任能够产生勇气和力量，它能够让人战胜懦弱和恐惧，战胜一切困难。

于是，登山队继续向上攀登。尽管环境很恶劣，但是队员征服自然、征服珠穆朗玛峰的信心却十足，大家小心翼翼地向上攀登。

"队长，你看！"一个队员大喊，大家循声望去，在离他们很远的地方发生了雪崩。虽然很远，但雪崩的巨大冲击力波及登山队，一名队员突然滑向另一边的山崖。还好，在快落下山崖的那一刻，他的冰锥紧紧地插进了雪层里，但他随时有可能被雪崩的冲击力推下去。

情况十分危险，因为雪崩的冲击力很有可能将营救的队员也一起冲下山崖。

队长说:"还是我来吧,我有经验,你们帮我。大家把冰锥都死死地插进雪层里,然后用绳子绑住我。""这很危险,队长。"队员们说。

"已经没有犹豫的时间了,快!"队长下了死命令。大家迅速动起手来,队长系着绳子滑向悬崖边,他死命地拉住了抱住冰锥的队员,其他队员使劲把他俩往上拉。就在下一轮雪崩冲击到来之前,队长救出了这名队员。

全队沸腾了,经过了生死的考验,大家变得更坚强了。

最终,登山队征服了珠穆朗玛峰。他们把队旗插在顶峰的那一刻,也把自己的荣誉和责任留在了世界上最纯净的地方。

后来,队长说:"当时我也非常恐惧,随时可能尸骨无还,但我知道,我有责任去救他,我必须这么做。责任的力量太大了,它战胜了死亡和恐惧。真的。"

责任可以让战人胜死亡和恐惧,可以让一个人变得勇敢和坚强。面对困难和危险,牢记心中的责任,你就能够从中汲取战胜困难的勇气和力量。

学会对自己的行为负责

一个人从他被投进这个世界的那一刻起,就要对自己的一切负责。
——萨特

我们只有首先学会对自己的行为负责,才能够开始对家庭、对他人、对集体、对社会负责。

阿尔弗雷德大帝是英国历史上最伟大的国王之一,他是一位伟大的国君,同时也是一个极具责任感的人。

阿尔弗雷德统治时期的英格兰形势复杂,国家受到凶猛的丹麦人的入侵。入侵者如潮涌来，他们个个剽悍勇猛，几乎百战百胜。

阿尔弗雷德大帝率领的英格兰军队战败了。每个人，包括阿尔弗雷德，都只能设法逃生。阿尔弗雷德乔装打扮成一个牧羊人，只身逃走，穿过森林和沼泽。

经过几天漫无目的的游荡，他来到一个木匠的小屋中避难。饥寒交迫的他敲开房门，乞求木匠的妻子给点儿吃的东西并借宿一晚。

女主人同情地看着这位衣衫褴褛的男人，她不知道他是谁。"请进，"她说，"你给我看着炉子上的蛋糕，我会提供你晚餐的。我现在出去挤牛奶，你好好看着，等我回来，可别让蛋糕糊了。"

阿尔弗雷德礼貌地道了谢，坐在火炉旁边。他努力把精力集中到蛋糕上，可是不一会儿他的烦心事就充满了脑子。怎样重整军队？重整旗鼓后又怎样去迎战丹麦人？他越想越觉得前途渺茫，开始认为继续战斗也将无济于事。他只顾想自己的问题，完全忘了自己是在木匠的屋子里，忘了饥饿，忘了炉子上的蛋糕。

过了一会儿，女主人回来了，她发现小屋里烟熏火燎，蛋糕已经烤成焦炭。阿尔弗雷德坐在炉边，目光盯着炉火，他根本就没注意到蛋糕已经烤焦。

"你这个懒鬼，窝囊废！"女主人叫道，"看看你干的好事。你想吃东西，可你袖手旁观！好了，现在谁也别想吃晚餐了！"阿尔弗雷德只是羞愧地低着头。

这时，木匠回来了。他一进家门就认出了坐在炉火旁边的阿尔弗雷德。"住嘴！"他告诉妻子，"你知道你在责骂谁吗？他就是我们伟大的国王阿尔弗雷德！"

女主人惊呆了，她跑到国王面前急忙跪下，请求国王原谅她如此粗鲁。

但是阿尔弗雷德却亲切地请女主人站了起来。"你责怪我是应该的，"他说，"我答应你看着蛋糕，可蛋糕还是烤糊了，我该受惩罚。任何人做事，无论大小都应该认真负责。这次我没做好，但此类事情不会再有了，我的职责是做好国王。"

　　这个故事没告诉我们那天晚上阿尔弗雷德是否吃了晚饭，但我所知道的是没过多久，他就重整自己的军队，把丹麦人赶出了英格兰。阿尔弗雷德之所以能成为英国历史上有名的国王，不仅是因为他卓越的品格和领导才能，而且还与他对自己行为负责的精神分不开。

　　有一次，一位外国太太带着自己 7 岁的小女儿到中国一户家庭做客。

　　女主人对外国友人的到来非常重视，特别学习了西餐的做法。她对客人说："今天我做西餐给你们吃，你们尝尝中国人做的西餐味道好不好。"

　　7 岁的女孩听女主人说要给她们做西餐，心想：中国人做西餐肯定不好吃。于是，当女主人问她吃不吃的时候，小女孩坚定地回答："我不吃。"

　　等女主人把西餐端上来的时候，小女孩一眼就看到了漂亮的冰激凌。这么好看的冰激凌味道肯定很好！小女孩有点迫不及待地对母亲说："妈妈，我要吃冰激凌。"

　　女主人很高兴小女孩能够喜欢自己做的冰激凌，她把冰激凌端到小女孩面前，说："来，吃吧！"

　　谁知，小女孩的母亲严肃地对女主人说："不行，我女儿说过她不吃西餐，她得为自己说过的话负责，今天她不能吃冰激凌！"

　　小女孩着急地哭起来："妈妈，我就想吃冰激凌！"但是，母亲根本不为所动，只是对女儿淡淡地说："你得为自己负责。"

　　女主人看着，觉得小女孩的母亲也太认真了，就说："给她吃吧，孩子总是这样的。"

　　小女孩的母亲正色地对女主人说："亲爱的，我们要培养孩子的责任心。"

　　结果，无论小女孩怎么哭闹，母亲就是不同意让她吃冰激凌。

　　事实确实如此，只有让孩子懂得自己的行为将会产生什么后果，他才会对自己的行为负责任。在现实生活中，父母要试着把孩子生活中的每一项责任都放到他自己的身上，让他自己去承担。比如，当孩子遇到麻烦的时候，你应该说："这是你自己选择的，你想想为什么会这样？"而不要对孩子说："你已经努力了，是爸爸没有帮助你。"虽然只是一句话，却反映出了观念的不同。如果你无意中帮助孩子推卸了责任，孩子将会认为自己无须承担责任，这对他以后的人生道路是很不利的。

尝试着自己作决定

> 责任心常常会纠正人的狭隘性。当我们徘徊于迷途的时候，它会成为可靠的向导。
>
> ——普列姆昌德

有一位教育专家曾非常感慨于中日草原生存旅行夏令营中中国孩子不会野炊的问题。当他采访一位 13 岁的男孩，问他为什么有些中国孩子野炊不动手时，这位男孩干脆利索地回答："在家里，长辈对我们有'三不准'的要求：刀不准动，电不准动，火不准动。我们连家炊都不会，哪还会野炊呀？"父母再关心孩子，也不能代替孩子成长。一个凡事只会听从家长吩咐的孩子，又怎么能够成为一个对自己负责、对社会负责的有用之材呢？

下面是一个真实的故事。

一位名叫贝蒂的美国女孩通过自己的经历告诉大家，她的完美人生是如何开始的。

"我 13 岁生日那一天，是我人生的一个重大转折。妈妈把我叫进她的房间，'贝蒂，我想和你谈谈。'妈妈拍了拍身边的床铺说，'我用了 12 年的时间来培养你的价值观和道德观。你觉得自己具有分辨是非的能力了吗？今天是你的 13 岁生日。从今以后你就不再是小孩子了，现在是你开始自己拿主意的时候了。从现在起，你自己的规矩自己定。什么时候起床，什么时候睡觉，什么时候写作业，和哪些人交朋友，这些都由你自己决定。'

"'我不明白。你生我的气了吗？我做错了什么吗？'妈妈伸出手搂住我的肩膀：'每个人迟早都要自己做主。很多被父母严格管教的年轻人，往往在他们离开大学、没人给他们指导的时候犯下了可怕的错误，有些甚至毁了自己的一生。所以我要早一点给你自由。'我目瞪口呆地盯着她，各种念头一起闪过脑海：那么，我随便多晚回家都可以；能够自由参加各种聚会；没有人再催促我写作业……这简直棒极了！妈妈站起来：'记住，这是一种责任。家里人都在看着你。而只有你一个人为自己的过错负责。'她说着用力抱了抱我，'别忘了，我一直在你身边。任何时候，如果你需要，我会随时帮助你。'完美的谈话就这样结束了。同以往一样，这个生日是与家人一起度过的，有蛋糕，有冰激凌，还有礼物，而与母亲的这次谈话却是我收到的最有意义的生日礼物。

"从那一天起，我在享受自由的时候，始终忘不了母亲的那句话——只有你一个人为自己的过错负责。在这之后的数年间，我做过不少错事，但自己为自己的过错负责的态度，使我迅速成熟起来。"

学会自己作决定，而不是凡事向父母或者老师请教，我们才能真正成长和成熟起来。我们应当相信自己，尝试着自己去作决定。

要相信自己

美国的父母一般都很注意让孩子学会如何作决定。

任何一个人，要做出一个正确决定总是会有困难的，更何况是青少年。既没有经验，注意力短暂，又喜欢新鲜的事，做出的选择和决定，难免不恰当或者错误。让我们自己作决定，虽然父母总会有点害怕、担心，但是，美国的专家建议说："无论怎样困难，也应让孩子自己作些决定。"自己作决定，信心是很重要的，一次、两次，时间长了，慢慢地你就会建立起自信。

不要太多的选择

在培养我们自己做主的能力时，专家们强调说，还应注意，不能给我们提供太多的可选择的方式，这样会无意中增强我们的欲望，欲望的扩大不是好事，它容易使我们失去方向。

不能选择危险及对他人有害的事

我们要预先了解哪些是有害、不安全的，做到防患于未然。例如：冬天一定要穿棉衣，这没有选择的余地，必须执行。

作决定时，不要有太大的压力

如果我们的决定不太合理恰当，遇到挫折，产生了失败感，可以请求别人给予帮助。我们作决定的机会不可太多，以免给我们太大压力。

根据自己的愿望，运用大人的经验和知识做出决定

站在大人的角度思考问题，是帮助我们做出决定的好方式。如："要下雨了，在图书馆里避雨比在操场上好些。""如果我们不去看姐姐而去看电影，姐姐会伤心的。"这是大人进入我们的选择中去的效果。

我们要知道，作决定就是要负责任。在判断正确与错误的选择时，我们可以说："我们已答应某某去展览馆了，不遵守诺言是错误的。"

如何自己作决定

● 要相信自己。

● 不要太多的选择。

● 不能选择危险及对他人有害的事。

● 作决定时，不要有太大的压力。

● 根据自己的愿望，运用大人的经验和知识做出决定。

勇于负责，不要推卸责任

凡是公民，谁都不能逃避责任。

——马克·吐温

要做一个负责的人，就应当作到无论什么时候都不推卸责任，不迁怒他人，这也是一个人成熟的标志。

美国的教育学家约翰逊有一个刚学会走路的小女儿，有一天她搬着她的小椅子到厨房里，想要爬到冰箱上去。约翰逊急忙冲过去，但已经来不及在她跌倒之前扶住她。当他把她抱起来时，她狠狠地踢了那把椅子一脚，喊道："坏椅子，害得我跌了一跤！"

你会在小孩子那里常常听见这样的借口。小孩子只会任性而为，为自己的过错迁怒于没有生命的东西或是无辜的旁观者，对他来说这是正常的行为。但是，如果我们将这种小孩子的反应带到成年，麻烦就来了。自从有人类以来，因为自己的失败和过错而责怪他人的现象一直存在着。一个人如果不对自己过去的行为负责，就不可能对自己的未来负责。一个人只有学会对自己的行为负责，不把责任推给别人，才能够不断地进步和成长。

英国女教师莫妮卡的班上有一位学员叫凯蒂。有一天在其他的学员走了以后，莫妮卡来找凯蒂，她那天在课上训练学生记人名。凯蒂对莫妮卡说："尊敬的老师，我希望你不要指望能改进我对人名的记忆力，这是绝对办不到的事情。"

"为什么？"莫妮卡问她。

"这是遗传的，"她回答，"我们全家人记忆力都不好，我的记忆力是我父母遗传给我的。因此，你要知道，我在这方面不可能有什么进步。"

"凯蒂，"莫妮卡说，"你的问题不是遗传，是懒。你觉得责怪你的

如何培养自己的责任心	
不要推卸责任	我们对做的事要勇于承担责任，不要推卸给别人，我们要试着把家庭生活的一些责任放在自己肩膀上。
不要告别人的状	我们如果经常告诉父母别人如何如何，我们就是在学会怪罪别人，我们的大部分告状行为是想引起父母的注意。
从小事做起	培养责任感，不可能一蹴而就。要从小事做起，一步步循序渐进。至关重要的一步，就是对自己的行为负责，而不是等问题出现了把责任推给别人。

家人比用心改进自己的记忆力要来得容易。坐下来，我证明给你看。"

接下来的几分钟，莫妮卡让凯蒂做了几个简单的记忆练习，由于她专心练习，效果很好。莫妮卡花了相当长一段时间，才让凯蒂消除无法将脑筋训练得比前辈好的想法，不过她很高兴凯蒂做到了，终于学会了改进自己的记忆力而不是找借口。

承担责任，可以让一个人变得更优秀。如果一个人乐意对自己的行为负完全责任，即使蒙受损失也不改变做人风格，那么，为了避免损失，他会尽量预防失误，久之必然成为一个出类拔萃的人。所谓专家，不就是失误更少些的人吗？无论在任何领域都是如此。

对小事负责才能担当大任

在这个世界上，最渺小的人和最伟大的人同样有一种责任。

——罗曼·罗兰

"一屋不扫，何以扫天下。"一个人不愿意做小事，不愿意对小事负责，就不可能在大事面前担当责任。

一位大公司的老板曾经讲过这样的故事。有个人来他公司应聘，经过交谈，他觉得那个人其实并不适合他们公司的工作，因此，他很客气地和那个人道别。那个人从椅子上站起来的时候，手指不小心被椅子上跳出来的钉子划了一下。那人顺手拿起他桌子上的镇纸，把跳出来的钉子砸了进去，然后和他道别。就在这一刻，他突然改变了主意，留下了那个人。

事后，这位老板说："我知道在业务上他也许未必适合本公司，但他的责任心的确令我欣赏。我相信把公司交给这样的人我会很放心。"

对小事负责才能够在未来的社会中担当大任。家庭和学校是我们培养责任感的最好地方。无论在家庭和学校，我们都要主动去做一些小事情，去充当一些有意义的角色，体会自己的行为对集体所产生的重要性，同时也培养战胜自己弱点、增长各种能力的信心。

在家庭中，我们应主动承担一些力所能及、与自己年龄相当的劳动任务。可以和父母谈谈建设家庭的计划，在我们大一些后，甚至可以与父母商讨家庭财政安排。

比如，可以从家庭理财开始。如今，青少年基本上是远离理财的。许多家庭不仅没有让下一代参与理财，甚至压根儿没有想到这一层。许多父母由于受传统思想的束缚，总认为，孩子的任务就是读书，把书读好了比什么都好。理财啦、当家啦、买菜啦、做家务啦……那是以后的事，现在则用不着我们"操心"。其实，做父母的希望孩子读好书也是人之常情，青少年当然应该以学习为主。但如果让青少年适当地参与理财，使他们对当家有所体验，也是大有裨益的。如：家庭每月有多少固定收入，每月计划开支的金额和实际支出的数目；家庭有哪些方面的投资，以及准备投资的方向（项目）；家庭所需大件商品的购买与否……孩子都知晓，并征求父母的意见。与此同时，还可以参与家庭采购，如买菜等，以便与实际有所接触，对当家理财有亲身的体会。在参与理财之后，改变了自己原先对家庭经济状态漠不关心的态度，也对市场、物价、商品和家庭等方面情况有所了解和认识，并丰富这方面的知识。要知道，人需要多方面的知识和实践，而当家理财这方面的知识又是我们今后所不可缺少的。那么，提前接触这方面的知识又有什么坏处呢？至于担心因此而影响学习，显然是多余的。

对家庭经济情况有必要的了解，有助于孩子在花钱上与父母保持一致，不至于在不遂心意时乱发脾气。

总之，无论是在学校还是在家中，点滴的小事都可以培养出我们的责任感。做好身边的每一件小事，从中培养自己的能力和责任心，就能够在未来的社会中承担更大的责任。

约翰·菲茨杰拉德·肯尼迪 （1917 ～ 1963 年），美国第 35 任总统。他是在美国颇具影响力的肯尼迪政治家族的一员，被视为美国自由主义的代表。肯尼迪生于美国马萨诸塞州的布鲁克莱恩。父亲约瑟夫·肯尼迪是金融巨子，也是民主党坚定的后台。肯尼迪自幼受到良好的教育，曾就读于哈佛大学和斯坦福大学。第二次世界大战中肯尼迪加入美国海军，曾在南太平洋英勇救助了落水的海军船员，因而获颁紫心勋章。战后，肯尼迪 29 岁即当选为议员，后 3 次连任。1960 年参加总统竞选。他提出"新边疆"的竞选口号，倡导在科学技术、经济发展、战争与和平等各个领域开拓新天地。他击败了共和党人尼克松，成为当时美国历史上最年轻的总统。

不要问你的国家能为你做些什么，而要问一下你能为你的国家做些什么。

——约翰·菲茨杰拉德·肯尼迪

自 制

——管理好自己才能管理别人

有自制力不仅仅是人的一种美德，而且，在一个人成就事业的过程中，自制力也是一项决定成败的关键因素。自制对于青少年的成长和进步来说，有着十分重要的意义和作用。只有自制的人才能拥有真正的美德。控制自己能够让一个人变得更强大。青少年要想成为能够主宰自己命运的强者，就必须学会克制自己，管理自己。

控制自己让你更强大

> 哪怕是对自己的一点小小的克制，也会使人变得强而有力。
> ——高尔基

一个人要成就大的事业，就不能随心所欲、感情用事，对自己的言行应有所克制，这样才能使自己的错误、缺点得到抑制，不致铸成大错。高尔基说："哪怕是对自己的一点小小的克制，也会使人变得强而有力。"德国诗人歌德说："谁若游戏人生，他就一事无成，不能主宰自己，永远是一个奴隶。"一个人要想成为能够主宰自己命运的强者，成就一番事业，就必须对自己有所约束、有所克制。

贝利从小就显现出非凡的足球天赋，他常常踢着父亲为他特制的"足球"——用一个大号袜子塞满破布和旧报纸，然后尽量捏成球形，外面再用绳子捆紧。贝利经常光着黑瘦的脊梁，在家门前那条坑坑洼洼的小街，赤着脚练球。尽管他经常摔伤，但他始终不停地向着想象中的球门冲刺。

渐渐地，贝利有了些名气，许多认识不认识的人常常跟他打招呼，还向他递烟。像所有未成年人一样，贝利喜欢吸烟时的那种"长大了"的感觉。

有一次，当贝利在街上向别人要烟的时候，父亲刚好从他身边经过，父亲的脸色很难看，贝利低下头，不敢看父亲的眼睛。因为，他看到父亲的眼睛里有一种忧伤，有一种绝望，还有一种恨铁不成钢的怒火。

父亲说："我看见你抽烟了。"

贝利不敢回答父亲，一言不发。

父亲又说："是我看错了吗？"

贝利盯着父亲的脚尖，小声说："不，你没有。"

父亲又问："你抽烟多久了？"

贝利小声为自己辩解："我只吸过几次，几天前才……"

父亲打断了他的话，说："告诉我味道好吗？我没抽过烟，不知道烟是什么味道。"贝利说："我也不知道，其实并不太好。"说话的时候突然绷紧了浑身的肌肉，手不由自主地往脸上捂去，因为，他看到站在他跟前的父亲猛地抬起了手。但是，那并不是贝利预料中的耳光，父亲把他搂在了怀中。

父亲说："你踢球有点天分，也许会成为一名优秀的运动员，但如果你抽烟、喝酒，那就到此为止了。因为你将不能在90分钟内保持一个较高的水准。这事由你自己决定吧。"

父亲说着，打开他瘪瘪的钱包，里面只有几张皱巴巴的纸币。父亲说："你如果真想抽烟，还是自己买的好，总跟人家要，太丢人了，你买烟需要多少钱？"

贝利感到又羞又愧，眼睛里涩涩的，他抬起头来，看到父亲的脸上已是泪水纵横……

后来，贝利再也没有抽过烟。他凭着自己的勤学苦练，终于成了一代球王。

自制对于一个人的成长进步，有着十分重要的意义和作用。每个人都应当树立自我管理意识，在心中培养自我管理意识的紧迫感。这种紧迫感不能是别人强加的，必须是自己切身感受到的。首先，这种紧迫感来自个人成长和发展的强烈渴望。有了这样的愿望，才能形成如何有效地管理自己的思想、言论和行动的意识，才能自觉地去管理自己。反之，一个人没有成长和发展自己的愿望，当然不会产生如何管理自己的意识。其次，这种紧迫感来自对社会现实的深刻认识。当今的社会，管理正在作为一门科学迅速应用于人们生活的各个领域，整个社会的经济管理、政治管理、思想管理、法律管理、道德文化管理等正在走向科学化，越来越多的人已经开始把管理科学运用于人生过程之中。人们盲目对待人生的时代正在宣告结束，科学化的人生需要

> **不断提高自我管理能力**
> ● **正确认识自己：包括正确认识自己的生理机理、心理素质、智能特点、行为特点等。**
> ● **时常进行自我反省、自我监督、自我检查。**
> ● **做好自我批评：包括自我教育、自我改造、开布公承认错误并改正。**

科学的自我管理。人们如果能清醒地看到这一点，就会产生一种觉悟，即自己不科学地管理自己，就会失去人生的主动权，就会被别人远远地抛在后边。有了这种觉悟，就会主动地发展自己。

人的自制能力和自我管理能力并不是天生的，它和人的其他能力一样，都是后天开发出来的，每个人的自我管理能力都是可以不断提高的。那么，青少年怎样才能不断提高自己的自我管理能力呢？

正确认识自己

正确认识自己是多方面的，包括生理机理、心理素质、智能特点、行为特点，等等。但从个人修养角度来看，则主要在于个体应客观地、全面地、正确地认识和评价自己，为做好自律打下良好的基础。这就是所谓的"自知者明"。不能自识、自知，就无从自律，就会因盲目行动而招致失败。只有首先自识，才能自觉按客观规律严于律己，从而获得成功。

多多反省自身

自省即自我反省、自我监督。它是在自识前提下进行的。通过自省，发现自己思想深处存在的种种问题，及时加以纠正和克服。

做好自我批评

自我批评是自我认识的进一步发展与深化，也是自省的结果付诸行动的过程。自我批评历来是成就大业者自我教育、自我改造、开诚布公承认错误，并改正错误的最好武器。凡是在修养上卓有成效者，都是严于自我解剖、勇于自我批评的人。

不要成为情绪的奴隶

易怒是一种卑贱的素质，受它摆布的往往是生活中的弱者。

——培根

自制力不仅仅是一种美德，在一个人成就事业的过程中，自制力也是一项决定成败的关键素质。

有人说：一个人要想在事业上取得成功，务必戒奢克俭，节制欲望，只有有所放弃，才能有所获得。自制不仅仅是在物质上克制欲望，对于一个想要取得成功的人来说，精神上的自制也是非常重要的。衣食住行毕竟是身外之物，不少人都能自制，甚至是尽善尽美地克制，但精神上的、意志力上的自制却非人人都能做到。

⊙自制力不仅仅是一种美德，在一个人成就事业的过程中，自制力也是一项决定成败的关键素质。

想要成功必须使消极的情绪得到有效的控制，否则，人的生活质量、工作成效和事业成就将无法保证。米开朗琪罗曾说："被约束的才是美的。"对于情绪来说也是如此，一个人的情绪如果不能得到有效的调控，那么，人就有可能成为情绪的奴隶和牺牲品。

芬妮是一个脾气暴躁、情绪容易波动的女孩，经常因为小事和别人吵架，她的人际关系因此愈来愈紧张，结果男友也难以忍受她的坏脾气，和她分手了。终于有一天，她觉得自己已经处于崩溃边缘。

她打电话向她的一个朋友詹森求救。詹森向她保证："芬妮，我知道现在对你来说是有点糟，可是只要经过适当的指引，一切就会好转。

"你现在要做的第一件事是让自己安静下来，好好地享受一下宁静的生活。"

听了詹森的话，芬妮开始试着放弃先前忙碌的生活，好好地放松自己，给自己休了一个长假。当她情绪已经稳定了一段时间之后，詹森又建议道："在你发脾气之前，不妨想想，究竟是哪一点触动了你？"

"你可以拥有两种思考，一种是让每件事情都在脑海里剧烈地翻搅，另一种则是顺其自然，让思想自己去决定。"说着，詹森拿出了两个透明的刻度瓶，然后分别装了一半刻度的清水，随后又拿出了两个塑料袋。芬妮打开来，发现分别是白色和蓝色的玻璃球。詹森说："当你生气的时候，就把一颗蓝色的玻璃球放到左边的刻度瓶里；当你克制住自己的时候，就把一颗白色的玻璃球放到右边的刻度瓶里。最关键的是，现在，你该学会控制自己的情绪，如果你不试着控制自己的情绪，你会继续把你的生活搞得一团糟。"

此后的一段时间内，芬妮一直照着詹森的建议去做。后来，在詹森的一次造访中，两个人把两个瓶中的玻璃球都捞了出来。芬妮发现，那个放蓝色玻璃球的水变成了蓝色。原来，这些蓝色玻璃球是詹森把水性蓝色涂料染到白色玻璃球上做成的，这些玻璃球放到水中后，蓝色染料溶解到水中，水就呈现了蓝色。詹森借机对芬妮说："你看，原来的清水投入'坏脾气'后，也被污染了。你的言语举止，是会感染别人的，就像玻璃球一样。当心情不好的时候，要控制自己。否则，坏脾气一旦投射到别人身上的时候，就会对别人造成伤害，再也不能回复到以前。所以一定要控制好自己的言行。"

芬妮后来发现，当按照詹森的建议去做时，自己真的不会那么混沌了，事情也容易理出头绪。

当詹森再次造访的时候，他惊喜地发现，那个放白色玻璃球的刻度瓶竟然溢出水来——看来芬妮对自己的克制成效不小。慢慢地，芬妮已学会把自己当成一个思想的旁观者，并重新得到了一位优秀男士的爱，美好在她的生活中渐渐展现。

任凭坏情绪摆布的人往往是生活的弱者，当你要发脾气的时候，应该做的第一件事就是尽量让自己安静和放松下来，想一想目前出现了什么情况，而不是顺其自然让脾气发作，被情绪牵着走。

有一天，陆军部长斯坦顿怒气冲冲地来到林肯那里，抱怨一位少校公开指责他偏袒下属。林肯建议斯坦顿立即写一封信回敬那位少校。

"可以狠狠地骂他一顿。"林肯说。

斯坦顿立刻写了一封措辞激烈的信，然后拿给总统看。

"对了，对了。"林肯高声叫好，"要的就是这个！好好教训他一顿，真写绝了，斯坦顿。"但是当斯坦顿把信叠好装进信封里时，林肯却叫住他，问道："你要干什么？"

"寄出去呀。"斯坦顿有些摸不着头脑了。

"不要胡闹。"林肯大声说，"这封信不能发，快把它扔到炉子里去。凡是生气时写的信，我都是这么处理的。这封信写得好，写的时候你已经解了气，现在感觉好多了吧，那么就请你把它烧掉，再写第二封信吧。"

和别人生气的时候，要注意合理控制自己的情绪，既不要把自己的愤怒压抑在心底，也不要直接将愤怒发泄给别人，而要找出一个缓解愤怒情绪的合理步骤，让自己的情绪缓一缓，等自己的内心平静了再作决定。

除了愤怒情绪之外，忧郁、失望、苦闷等消极情绪也是阻碍我们走向成功的重要因素。一个人要取得成功，就要学会合理地控制自己的消极情绪。

一个人成功的最大障碍不是来自外界，而是自身。如果你能够恰当地掌握好情绪，那么将在别人心目中留下"沉稳、可信赖"的形象，你的人生也必定会因此而受益匪浅。

驾驭好自己的情绪，增强自控能力，是取得成功的一个重要因素，也是成功人生的重要法则之一。

冷静沉着，遇事应付自如

> 无论做什么事情都不要着急，不管发生什么事，都要冷静、沉着。
>
> ——狄更斯

一个人在关键的时候，在危难之中能够保持冷静，不仅是一种可贵的品质，而且也是战胜困难、减少损失的重要条件。

第二次世界大战期间，法国有一位普通的家庭主妇，她的丈夫雷诺在马其诺防线被德军攻陷后，当了德国人的俘虏，她的身边只有两个年幼的儿女——12 岁的雅克和 10 岁的杰奎琳。为把德国强盗赶出自己的祖国，母子 3 人参加了当时的秘密情报工作。

一天晚上，屋里闯进了 3 个德国军官，其中一个是本地区情报部的官员。他们坐下后，一个少校军官对着一张揉皱的纸就着暗淡的灯光吃力地阅读起来。这时，那个情报部的中尉顺手拿过藏有情报的蜡烛点燃，放到长官面前。情况变得危急起来，雷诺夫人很清楚，当蜡烛燃到铁管处就会自动熄灭，同时也意味着他们一家三口的生命将告结束。她看着一双脸色苍白的儿女，急忙从厨房中取出一盏油灯放在桌上。"瞧，先生们，这盏灯亮些。"说着轻轻地把蜡烛吹熄，一场危机似乎过去了。但是，轻松没有持续多久，那个中尉又把冒着青烟的烛芯重新点燃，"晚上这么黑，多点支小蜡烛也好嘛。"他说。雷诺夫人的心提到了嗓子眼上，她似乎感到德军那几双恶狼般的眼睛都盯在越来越短的蜡烛上。

这时候，小儿子雅克慢慢地站起："天真冷，我到柴房去搬些柴来生火吧。"说着伸手端起烛台朝门口走去，房子顿时暗下来。中尉快步赶上前，厉声喝道："你不用灯就不行吗？"一把把烛台夺回。

时间一分一秒地过去。突然，小女儿杰奎琳娇声对德国人说道："司令官先生，天晚了，楼上黑，我可以拿一盏灯上楼睡觉吗？"少校瞧了瞧这个可爱的小姑娘，一把拉她到身边，用亲切的声音说："当然可以。我也有一个像你这样年纪的小女儿。来，我给你讲讲我的路易莎好吗？"杰奎琳仰起小脸，高兴地说："那太好了。不过，司令官先生，今晚我的头很痛，我想睡觉了，下次您再给我讲好吗？""当然可以，小姑娘。"杰奎琳镇定地把烛台端起来，向几位军官道过晚安，上楼去了。正当她踏上最后一级楼梯时，蜡烛熄灭了。

冷静沉着，临危不乱，才能够化险为夷，力挽狂澜。面对生活中的压力和危险，青少年要从容不迫，沉着应对，保持冷静的头脑，控制好自己，才能控制意外的局面。

培养坚强的自制力

自制的人才能够拥有真正的美德。

——斯威夫特

一个人要想不断进步，就必须培养自己超人的自制力。自制能力是在日常生活中和工作中善于控制自己情绪和约束自己言行的一种能力。一个想要有所成就的人如果缺乏自制力，就等于失去了方向盘和刹车，必然会"越轨"或"出格"，甚至"撞车"、"翻车"。在我们的生活和成长过程中必然要接触各种各样的人，处理各种各样复杂的事，其中有顺心的，也有不顺心的，有顺利的，也有不顺利的，有成功的，也有失败的。如缺乏自制能力，放任不羁，势必搞坏关系，影响团结，挫伤积极性，甚至因小失大，铸成大错，后悔莫及。因此，我们必须要有较强的自制力，管理好自己，不让自己的言行出格。

那么，青少年要怎样才能培养过人的自制力呢？

正确地看待事物

对事物认识越正确、越深刻，自制能力就越强。比如，有的人遇到不称心的事，动辄发脾气，训斥谩骂，而有的人却能冷静对待，循循善诱，以理服人。古希腊数学家毕达哥拉斯说："愤怒以愚蠢开始，以后悔告终。"所以对自己的感情和言行失去控制，最根本的就是对这种粗暴作风的危害性缺乏深刻的认识，从而造成了不良影响。

磨炼自己的意志力

自制需要强大的意志力。前苏联教育家马卡连柯说："坚强的意志，这不但是想什么就获得什么的本事，也是迫使自己在必要的时候放弃什么的本事……没有制动器就不可能有汽车，而没有克制也就不可能有任何意志。"因此,反过来也可以说,没有坚强的意志就没有自制能力,坚强的意志是自制能力的支柱。

用毅力控制爱好

毅力,可以帮助你控制自己,果断地决定取舍;毅力,是自制能力果断性和坚持性的表现。滑冰、下棋看起来都是小事,是个人的一些爱好,但要控制这种爱好,没有毅然决然的果断性就办不到。常常遇到这样一些人,嘴上说要戒烟,但戒了没几天,就又开始抽了,什么原因呢? 主要就是缺乏毅力。没有毅力,就没有果断性和坚持性,自制的效率就不高。可见,要具有强有力的自制能力,必须伴以顽强的毅力。

亨利·詹姆斯 (1843 ~ 1916 年),西方现代心理分析小说的开拓者。由于家境富裕,从小受到良好的教育,掌握多种语言。1862 年考入哈佛大学法学院。1869 年,移居欧洲。1915 年因不满美国在第一次世界大战初期的"中立"态度而加入英国籍。詹姆斯从 1864 年起开始文学创作。1879 年中篇小说《黛西·密勒》使他一举成名。1881 年出版的《一位女士的画像》,是他早期创作中最具代表意义的作品。20世纪初,接连发表《鸽翼》、《使节》和《金碗》3 部长篇小说,创作达到高峰。其他作品还有《波士顿人》、《卡萨玛西玛公主》、《美国人》、《波英顿的珍藏品》等。除小说外,还写过一些重要的文学评论以及剧本、游记等。

一个人的房子,一个人的家具,一个人的衣服,他所读的书,他所交的朋友——这一切都是他自身的表现。

——亨利·詹姆斯

宽 容

——营造心灵的和谐

 哈佛告诉你

宽容和忍让能够换来最甜蜜的结果。生活中,冲突和争执在所难免,青少年要学会用和平的方式处理冲突和争执。错误在所难免,宽容就是神圣。一个人经历过一次忍让,就会多一分宽容的心胸。多一分宽容,就会多一个朋友,少一个敌人。

宽厚容人,不过于苛求别人

水至清则无鱼,人至察则无徒。

——《汉书》

古语有云:"海纳百川,有容乃大。"做人应当宽厚容人,不过于苛求他人,要善于容人之过,这样你的周围才会充满知心的朋友和良师。

　　美国著名的人际关系学家卡耐基，和许多人都是朋友，其中包括若干被认为是孤僻、不好接近的人。有人很奇怪地问卡耐基，说："我真搞不懂，你怎么能忍受那些老怪物呢？他们的生活与我们一点都不一样。"卡耐基回答道："他们的本性和我们是一样的，只是生活细节上难以一致罢了。但是，我们为什么要戴着放大镜去看这些细枝末节呢？难道一个不喜欢笑的人，他的过错就比一个受人欢迎的夸夸其谈者更大吗？只要他们是好人，我们不必如此苛求小处。"

　　卡耐基不愧是人际关系学大师。其实，每个人一半是天使，一半是魔鬼，优点与缺点共存，美丽与丑陋俱在。与人相交，要看好的方面，至于一些小节，诸如生活习惯之类，尽可以睁一只眼闭一只眼。

　　服装界有名的商人史瓦兹是一个善于容人的经营者，他的成功就和自己善于包容不同个性人才的品格有很大关系。

　　史瓦兹刚入服装行业的时候，有一次他拿着样衣经过一家小店，却无缘无故地被店主讥讽嘲笑了一通，说他的衣服只能堆在仓库里，再过 10 年也卖不出去。史瓦兹并未反唇相讥，而是诚恳地请教，这小店主说得头头是道。史瓦兹大惊之下，愿意高薪聘用这位怪人。没想到这人不仅不接受，还讽刺了史瓦兹一顿。史瓦兹没有放弃，运用各种方法打听，方才知道这小店主居然是一位极其突出的服装设计师，只是因为他自诩天才、性情怪僻而与多位上司闹翻，一气之下发誓不再设计，改行做了小商人。

　　史瓦兹弄清原委后，三番五次登门拜访，并且诚心请教。这位设计师仍然是火冒三丈，劈头盖脸地骂他，坚决不肯答应。史瓦兹毫不气馁，常去看望他，经常和他聊天并给予热情帮助。到最后，这位怪人自己也很不好意思，终于答应史瓦兹，但是条件非常苛刻，其中包括他一旦不满意可以随意更改设计图案，允许设计师自由自在地上班。果然，这位设计师虽然常顶撞史瓦兹，让他下不了台，但其创造的效益实在巨大，帮助史瓦兹建立了一个庞大的服装帝国。

这位设计师的脾气不可谓不怪异，甚至有点恃才傲物，但是史瓦兹慧眼识金，懂得他的价值所在。史瓦兹对他的缺点和不足一一宽容，使他帮助自己走上了事业的另一个台阶。

善于容人不仅要容忍他人个性上的缺点，还应当容忍他人行为上的过失。

唐高宗时期有个吏部尚书叫裴行俭，家里有一匹皇帝赐的好马和很珍贵的马鞍。他有个部下私自将这匹马骑出去玩，结果马摔了一跤，摔坏了马鞍，这个部下非常害怕，连夜逃走了。裴行俭不但叫人把他招回来，并且没有因此而责怪他。

又有一次，裴行俭带兵去平都支援李遮匐，结果获得了许多有价值的珍宝，于是就宴请大家，并把这些有价值的珍宝拿出来给客人看。其中有个部下在抱着一个直径约0.7米的很漂亮的玛瑙盘出来给大家看的时候，不小心摔了一跤，把盘子摔碎了，顿时害怕得不得了，伏在地上拼命叩头。裴行俭笑着说："你不是故意的。"脸上并无可惜的样子。

裴行俭这种善于容人之失的胸襟不仅化解了风波，而且还赢得了部下的敬重和忠诚。关于容人之过，历史上最有名的是楚庄王的故事。

被称为春秋五霸之一的楚庄王，有一次宴请群臣，要大家不分君臣，尽兴饮酒作乐。正当大家玩得高兴时，一阵风吹来，灯火熄灭，全场一片漆黑。这时，有人乘机调戏楚庄王的爱姬，爱姬十分机智，扯下了这个人的冠缨，并告诉楚庄王："请大王把灯火点燃，只要看清谁的冠缨断了，就可以查证出谁是调戏我的人。"群臣乱成一片，以为定会有人丧命。可是，楚庄王却宣布："请大家在点燃灯火之前都扯下自己的冠缨，谁不扯断冠缨，谁就要受罚。"

当灯火再燃起来的时候，群臣都已经拔去了冠缨，那个调戏爱姬的人自然无法查出。大家都舒了一口气，又高兴地娱乐起来。

两年以后，晋军进攻楚国。这时，一名将军勇往直前，杀敌无数，立了大功。楚庄王召见他，赞扬他说："这次打仗，多亏了你奋勇杀敌，才能打败晋军。"这个将领泪流满面地说："臣就是两年前在酒宴中调戏大王爱姬的人，当时大王能够重视臣的名誉，宽容臣的过错，不处罚臣，还给臣解围，臣感激不尽。从那以后，臣就决心效忠大王，等待机会为大王效命。"

古语云："大度集群朋。"一个人若能有宽宏的度量，他的身边便会集结大群知心朋友。大度，表现为对人、对友能"求同存异"，不以自己的特殊个性或癖好律人。除此之外，大度还要能容忍朋友的过失，尤其是当朋友对自己犯有过失时，能不计前嫌，一如既往。

概括起来，大度容人主要可以分为以下几个方面。

大度容人	
容人之长	人各有所长，取人之长补己之短，才能相互促进，才能事业发展。相反，有的人却十分嫉妒别人的长处，生怕同事和部属超过自己，而想方设法进行压制，其实这种做法是很愚蠢的。
容人之短	金无足赤，人无完人。人的短处是客观存在的，容不得别人的短处势必难以共事。
容人个性	由于人们的社会出身、经历、文化程度和思想修养各不相同，所以性格也各异。因此容人从根本上来说就是要接纳各种不同性格的人，这不仅是一种道德修养，也是一门艺术。从历史上看，许多领袖人物，都是善于团结各种不同性格的人的典范。
容人之过	"人非圣贤，孰能无过。"历史上凡是有作为的伟人，多数都能容人之过。
容人之功	别人有功劳，本应该感到高兴，但有的人心胸狭窄，生怕别人功劳大会对自己构成威胁。只有那些以国家、民族利益为重，胸怀开阔的人才能做到容人之功。

用和平的方式处理冲突和愤怒

宽容和忍让能够换来甜蜜的结果。

——弗莱彻

生活中，冲突和争执在所难免，青少年要学会用和平的方式处理冲突与争执。冲突只能为双方带来伤害，而宽容忍让则能够为我们带来美好的结果。

古时候有个叫陈嚣的人，与一个叫纪伯的人做邻居。有一天夜里，纪伯偷偷地把陈嚣家的篱笆拔起来，往后挪了挪。这事被陈嚣发现后，心想，你不就是想扩大点地盘吗，我满足你。他等纪伯走后，又把篱笆往后挪了3米多。天亮后，纪伯发现自家的地盘又宽出了许多，知道是陈嚣在让他，他心中很惭愧，主动找上陈家，把多侵占的地统统还给了陈家。

《寓圃杂记》中记述了杨翥的两件小事。杨的邻人丢失了一只鸡，指骂被姓杨的偷去了。家人告知杨翥，杨说："又不止我一家姓杨，随他骂去。"又一邻居，每遇下雨天，便将自家院中的积水排放进杨翥家中，使杨家深受脏污潮湿之苦。家人告诉杨翥，他却劝解家人："总是晴天干燥的时日多，下雨的日子少。"

久而久之，邻居们被杨翥的忍让所感动。有一年，一伙贼人密谋欲抢杨家的财宝，邻人们得知后，主动组织起来帮杨家守夜防贼，使杨家免去了这场灾祸。

冲突和争执会破坏团结和友谊，如果以一种宽容的方式去化解冲突和矛盾，就会避免因冲突而为双方带来的伤害，进而重新赢得团结。

战国时期，楚、梁两国交界，两国在边境上各设界亭，亭卒们在各自的地里种了西瓜。梁亭的亭卒勤劳，锄草浇水，瓜秧长势极好；

而楚亭的亭卒懒惰，不事瓜事，瓜秧又瘦又弱，与梁亭瓜田的长势简直不能相比。楚亭的人心生嫉妒，于是，在一天晚上乘着夜色偷跑过去把梁亭的瓜秧全给扯断了。

第二天，梁亭的人发现自己瓜地里的瓜秧全被人扯断了，他们气愤难平，报告边县的县令宋就，说我们也过去把他们的瓜秧扭断好了。宋就说："这样做当然能解气，可是，我们明明不愿他们扯断我们的瓜秧，为什么要反过去扯断别人的瓜秧？别人不对，我们再跟着学，那就太狭隘了。你们听我的话，从今天起，每天晚上去给他们的瓜秧浇水，让他们的瓜秧长得好。而且，你们这样做，一定不能让他们知道。"梁亭的人听了宋就的话后觉得很有道理，于是就照办了。渐渐地，楚亭的人发现自己的瓜秧长势一天好过一天，仔细观察后发现每天早上地都被人浇过了，而且是梁亭的人在黑夜里悄悄为他们浇的。楚国的边县县令听到亭卒们的报告后，感到十分惭愧和敬佩，于是把这件事报告给了楚王。

楚王听说这件事后，感于梁国人修睦边邻的诚心，特备重礼送给梁王，以示自责，也用来表示酬谢。结果这一对敌国成了友好的邻邦。

生活中有很多事当忍则忍，能让则让。忍让和宽容不是懦弱和怕事，而是关怀和体谅。以己度人，推己及人，我们就能与别人和睦相处，甚至能够化敌为友。

琼斯是一名经营建筑材料的商人，由于另一位对手的竞争而陷入困境之中。对方在他的经销区域内定期走访建筑师与承包商，并告诉他们：琼斯的公司不可靠，他的产品质量不好，生意面临即将歇业的境地。

琼斯说他并不认为对手会严重伤害到他的生意，但是这件麻烦事使他心中生出无名之火，真想"用一块砖来敲碎那人肥胖的脑袋作为发泄"。

"有一个星期天早晨，"琼斯说，"牧师讲道的主题是：要施恩给那些故意跟你为难的人。我把每一个字都吸收下来。就在上个星期五，我的竞争者使我失去了一份25万块砖的订单。但是，牧师却教我们要以德报怨，化敌为友，而且他举了很多例子来证明他的理论。当天下午，我在安排下周日程表时，发现住在弗吉尼亚州的一位我的顾客，因为盖一间办公大

⊙宽容与忍让能让我们与别人和睦相处，甚至能够化敌为友。

楼需要一批砖，而所指定的砖的型号不是我们公司制造供应的，却与我竞争对手出售的产品很类似。同时，我也确定那位满嘴胡言的竞争者完全不知道有这笔生意机会。"

这使琼斯感到为难，是要遵从牧师的忠告，告诉给对手这项生意的机会，还是按自己的意思去做，让对方永远也得不到这笔生意？

到底该怎样做呢？

琼斯的内心挣扎了一段时间,牧师的忠告一直盘踞在他心间。最后，也许是因为很想证实牧师是错的，他拿起电话拨到竞争对手家里。

接电话的正是那个对手本人，当时他拿着电话，难堪得一句话也说不出来。琼斯礼貌地直接告诉他有关弗吉尼亚州的那笔生意。结果，那个对手很是感激琼斯。

琼斯说："我得到了惊人的结果，他不但停止散布有关我的谎言，甚至还把他无法处理的一些生意转给我做。"

琼斯感到心情比以前好多了，他与对手之间的阴霾都散去了。

以德报怨，化敌为友。用和平的方式去处理生活中的冲突与愤怒，这就是迎战那些终日想要给你使绊儿的人所能采用的最上策。

不为小事争执

生命太短暂了，不要为无谓的小事争执。

——卡耐基

一个心胸开阔的人不会把时间花在一些小事情上。小事情会使人偏离自己本来的主要目标和重要事项。如果一个人对一件无足轻重的小事情做出反应——小题大做的反应——这种偏离就产生了。

以下这些小事情的荒谬反应值得参考：大约 900 年前，一场蹂躏了整个欧洲的战争竟然是关于桶的争吵而爆发的。1654 年的瑞典与波兰之战仅仅是因为在一份官方文书中，瑞典国王的附加头衔比波兰国王少了一个。一个小男孩向格鲁伊斯公爵扔鹅卵石，于是导致瓦西大屠杀和 30 年战争。有人不小心把一个玻璃杯里的水溅到托莱侯爵的头上，于是导致了英法大战。

作为普通人，我们不可能因为一件小事就引发一场战争，但我们可能会因小事而使周围的人不愉快。俗话说："宰相肚里能撑船。"如果我们每个人都能够长存宽容之心，不争无谓的小事情，那么我们的生活就会避免许多争执，我们周围的世界也会变得和谐、可爱。

卡耐基在第二次世界大战结束后不久参加了一个宴会。在宴会上，有一位坐在卡耐基旁边的先生讲了一个幽默故事，然后在结尾的时候引用了一句话，意思是：谋事在人，成事在天。那位先生还特意指出这是《圣经》上说的。

卡耐基一听就知道他错了。他看过这句话，然而不是在《圣经》上，而是在莎士比亚的书中，他前几天还翻阅过，他敢肯定这位先生一定搞错了。于是他纠正那位先生说，这句话是出自莎士比亚的书。

"什么？出自莎士比亚的书？不可能！绝对不可能！先生你一定弄

错了，我前几天才特意翻了《圣经》的那一段，我敢打赌，我说的是正确的，一定是出自《圣经》！如果你不相信，我可以把那一段背出来让你听听，怎么样？"那位先生听了卡耐基的反驳，马上说了一大堆话。

卡耐基正想继续反驳，忽然想到自己的朋友里诺就坐在自己的身边，里诺是研究莎士比亚的专家，他一定会证明自己的话是对的。

于是卡耐基便对里诺说："里诺，你说说，是不是莎士比亚说的这句话？"

里诺盯着卡耐基说："戴尔，是你搞错了，这位先生是正确的，《圣经》上确实有这句话。"随即卡耐基感到里诺在桌下踢了自己一脚。他大惑不解，但出于礼貌，他向那位先生道了歉。

回家的路上，满腹疑问的卡耐基埋怨里诺："你明白那本来就是莎士比亚说的，你还帮着他说话，真不够朋友。还让我不得不向他道歉，真是颠倒黑白了。"里诺一听，笑了："《李尔王》第二幕第一场上，有这句话。但是我可爱的戴尔，我们只是参加宴会的客人，而你知道吗？那个人也是一位有名的学者，为什么要我去证明他是错的，你以为证明了你是对的，那些人和那位先生会喜欢你，认为你学识渊博吗？不，绝不会。为什么不保留一下他的颜面呢？为什么要让他下不了台呢？他并不需要你的意见，为什么要和他抬杠？"

宽容要求我们不要因为小事和别人争执，能不苛责的时候就不要苛责，多给人台阶下，多放人过关。这应该成为我们待人处世的原则。

我们不要抓住他人的错误或缺点不放，要学会给别人台阶下，得饶人处且饶人，这样不仅会减少矛盾，也会提升自己的善良品质，进而会形成一种良好的社会风气。这种与人为善、悲悯众生的品德，正是人类生存所需要的美德。谁没有需要别人帮助的时候呢？从根本上说，谁又有资格装出法官的样子来审判和惩罚他人呢？谁没有偶尔疏忽或急中出错，需要别人宽恕的时候呢？如果你拘泥于这种低层次的偏执，则不仅会使他人尴尬难堪，悲从中生，也会让自己无端生仇，从天上降下个大灾难。从某种意义上来说,向善大于任何对错是非和人间法律。记住,不为难人,得饶人处且饶人,这种态度不仅应对一般人,也包括那些与我们结有仇怨,甚至是怀有深仇大恨的人。

别人可能恨你,但别人恨你不管用,除非你也恨他们,否则没有谁能毁灭你。这个世界需要包容,当然有时需要包容的对象是仇深似海的仇家。包容这种人当然有很大的难度,但是只要你勇敢地战胜自我,还是可以实现的。包容他人,也是善待自己的一种方式。

用宽容化解仇恨

> 能宽恕别人是一件好事,但如果能将别人的错误忘得一干二净,那就更好。
>
> ——勃朗宁

一位哲人曾经说过:"以恨对恨,恨永远存在;以爱对恨,恨自然就会消失。"面对别人的伤害,我们要以德报怨,时刻提醒自己,让伤害到自己这里为止。

小男孩哈根有一条非常可爱的狗,不幸的是,有一天下午他的狗被邻居家的狗咬死了。小男孩简直气疯了,发誓要打死凶手,为他的宝贝狗报仇。

哈根的父亲很理解儿子的情绪,他知道凭语言无法说服儿子,于是他把哈根领到了邻居家的院子后面。

"那条狗在这儿,"父亲对哈根说道,"如果你还想干掉它,这是最容易的办法。"父亲递给哈根一把短筒猎枪。哈根疑虑地瞥了父亲一眼,然后点了点头。

哈根拿起猎枪,举上肩,黑色枪筒向下瞄准。邻居家的大黑狗用一双棕色眼睛看着他,高兴地喘着粗气,张开长着獠牙的嘴,吐出粉红的舌头。就在哈根要扣动扳机的一刹那，千头万绪闪过脑海。父亲静静地站在一旁，可哈根的心情却无法平静。涌上心头的是平时父亲对他的教诲——我们对无助的生命的责任，做人要光明磊落，是非分明。他想起他打碎母亲最心爱的花瓶后，她还是一如既往地爱他；他还听到别的声音——教区的牧师领着他们做祷告时，祈求上帝宽恕他们，如同他们宽恕别人那样。

于是，猎枪变得沉甸甸的，眼前的目标模糊起来。哈根放下手中的枪，抬头无助地看着父亲。父亲脸上绽出一丝笑容，然后抓住他的肩膀，缓缓地说道："我理解你，儿子。"这时他才明白，父亲从未想过他会扣扳机，父亲是要用一种明智、深刻的方式让他自己做出决定。

此刻，哈根感到无比轻松，他跟父亲跪在地上，帮忙解开大黑狗，大黑狗欣喜地蹭着他俩，短尾巴使劲地晃动，仿佛在庆幸自己免遭枪杀。

宽容是消除报复的良方。对于心底宽容的人来说，没有什么不可以饶恕的。在你宽恕别人的同时，也会将自己内心的仇恨一并消除。

有一次，一位作家与两位朋友阿尔和马修一同出外旅行。

三人行经一处山崖时，马修失足滑落，眼看就要丧命，机灵的阿尔拼命拉住了他的衣襟，将他救起。

为了永远记住这一恩德，动情的马修在附近的大石头上，用力镌刻下这样一行字："某年某月某日，阿尔救了马修一命。"

三人继续前进，几日后来到一处河边。可能因为长途旅行疲劳的缘故，阿尔与马修为了一件小事吵起来了，阿尔一气之下

◎宽容就是记着别人对自己的恩典，忘掉别人对自己的伤害。

打了马修一耳光。

马修被打得眼前直冒金星，然而他没有还手，却一口气跑到了沙滩上，在沙滩上写下一行字："某年某月某日，阿尔打了马修一记耳光。"

旅行很快结束了。回到家乡，作家怀着好奇心问马修："你为什么要把阿尔救你的事刻在石头上，而把他打你耳光的事写在沙滩上？"

马修平静地回答："我将永远感激并永远记住阿尔救过我的命，至于他打我的事，我想让它随着沙滩上字迹的消失而被忘记得一干二净。"

宽容就是记着别人对自己的恩典，忘掉别人对自己的伤害。用爱和感激来代替仇恨，化解积怨。

 哈佛成功榜

托马斯·艾略特 （1888～1965 年），著名现代派诗人和文艺评论家。生于美国密苏里州。1906 年入哈佛大学学哲学，续到英国上牛津大学，后留英教书。1908 年开始创作，有诗集《普鲁弗洛克及其他观察到的事物》、《诗选》、《四个四重奏》等。代表作为长诗《荒原》，表达了西方一代人精神上的幻灭，被认为是西方现代文学中具有划时代意义的作品。1948 年因"革新现代诗，功绩卓著的先驱"，获诺贝尔文学奖。

这个世界需要宽容和理解。

——托马斯·艾略特

尊重他人

——尊重他人就是尊重自己

敬人者，人恒敬之

　　如果要让别人尊重你，首先要学会尊重别人。

——席勒

　　尊重他人，是一个人走向文明的起点。尊重他人是做人的基本美德。一切不文明的行为都是不尊重他人的表现。我们中国号称礼仪之邦，恪守着推己及人；已所不欲，勿施于人；敬人者人恒敬之，爱人者人恒爱之等一系列古训。

将心比心，凡事不仅要为自己想，也要为别人着想；你有自尊，人家也有；你尊重别人、爱护别人，别人才会尊重你、爱护你。

也许你曾遇见过或者听说过，有人问路时言语不礼貌，人家就会不理睬，甚至故意错指方向让他吃苦头；和人家一起办事情，如果傲慢无礼，人家就不会合作。我们每个人都有自尊心，都希望别人友好地对待自己，尊重自己，因此，尊重他人是人与人接近的必要且首要的态度。一个不懂得尊重别人的人当然也不会赢得别人的尊重。

有一天，一位中年妇女领着一个小男孩走进了一座豪华的写字楼下面的花园里，然后在一张长椅上坐下来。这座写字楼是一个知名国际集团的总部，而这位中年妇女就是这家公司的一名主管人员。她不停地在跟男孩说着什么，似乎很生气的样子。不远处有一位头发花白的老人正在修剪灌木。

忽然，中年妇女从随身挎包里揪出一团白花花的卫生纸，一甩手将它抛到老人刚剪过的灌木上。老人诧异地转过头朝中年妇女看了一眼，中年妇女也满不在乎地看着他。老人什么话也没有说，走过去捡起那团纸扔进一旁装垃圾的筐子里。

过了一会儿，中年妇女又揪出一团卫生纸扔了过来。老人再次走过去把那团纸拾起来扔到筐子里，然后回原处继续工作。可是，老人刚拿起剪刀，第三团卫生纸又落在了他眼前的灌木上……就这样，老人一连捡了那中年妇女扔的六七个纸团，但他始终没有露出不满和厌烦的神色。

"你看见了吧！"中年妇女指了指修剪灌木的老人对男孩说，"我希望你明白，你如果现在不好好上学，将来就跟他一样没出息，只能做这些卑微低贱的工作！"

老人放下剪刀走过来，对中年妇女说："夫人，这里是集团的私家花园，按规定只有集团员工才能进来。"

"那当然，我是集团所属一家公司的部门经理，就在这座大厦里工作！"中年妇女高傲地说着，同时掏出一张证件朝老人晃了晃。

"我能借你的手机用一下吗？"老人沉思了一下说。

中年妇女极不情愿地把手机递给老人，同时又不失时机地开导儿子："你看这些穷人，这么大年纪了连手机也买不起。你今后一定要努力啊！"

老人打完电话后把手机还给了妇人。很快一名男子匆匆走过来，恭恭敬敬地站在老人面前。老人对那个男子说："我现在提议免去这位女士在集团的职务！"

"是，我立刻按您的指示去办！"那个男子连声应道。

老人吩咐完后径直朝小男孩走去，他用手抚了抚男孩的头，意味深长地说："我希望你明白，在这世界上最重要的是，要学会尊重每一个人……"说完，老人撇下3人缓缓而去。

中年妇女被眼前骤然发生的事情惊呆了。她认识那个男子，他是集团主管任免各级员工的一个高级职员。"你……你怎么会对这个老园丁那么尊敬呢？"她大惑不解地问。

"你说什么？老园丁？他是集团总裁詹姆斯先生！"

"啊，他是总裁？！"

中年妇女一下子瘫坐在长椅上。

尊重他人，除了要平等待人之外，还要尊重他人的职业。这位中年妇女虽然身为一个国际集团的主管，却不懂得这个道理，结果吃亏的还是她自己。

有这么一则小故事，读来耐人寻味。有一个人经过热闹的火车站，看到一个双腿残障的人摆了个铅笔小摊，他漫不经心地丢下了100元，当作施舍。但是走了不久，这人又回来了，他抱歉地对这位残疾人说："不好意思，你是一个生意人，我竟把你当成一个乞丐。"过了一段时

⊙尊重他人能给自己带来意想不到的惊喜。

间，他再次经过火车站，一个店家的老板在门口微笑地喊住他。"我一直期待你的出现，"那个残疾人说，"你是第一个把我当成生意人看待的人，你看，我现在算是一个真正的生意人了。"

由此可见，尊重他人能给人带来意想不到的惊喜。尊重他人的职业尊严，既是一种对他人劳动价值的肯定，促使他人更加热爱自己的职业，更好地为社会服务；也是一种对自己的约束和鞭策，促使自己把工作做好，以报答别人为自己付出的劳动。所以，对于别人从事的职业，我们都要投去理解的目光；对于别人为自己付出的劳动，都要深情地道一声"谢谢"，这样才能使我们的生活更加和谐、更加温馨。

尊重他人是给自己的礼遇，尊重他人也就是尊重自己。一个不尊重别人的人，是绝不会得到别人尊重的。在人与人之间的交往中，自己待人的态度往往决定了别人对我们的态度，就像一个人站在镜子前笑得前俯后仰，镜子里的人也会如此大笑；你紧皱眉头，镜子里的人也眉心紧锁；你对着镜子大喊大叫，镜子里的人也冲你大喊大叫。所以，我们要获取他人的好感和尊重，必须首先尊重他人。

有位富翁十分有钱，但却得不到旁人的尊重，他为此苦恼不已，每日寻思如何才能得到众人的敬仰。

某天在街上散步时，他看到街边一个衣衫褴褛的乞丐，心想机会来了，便在乞丐的破碗中丢下一枚亮晶晶的金币。谁知乞丐头也不抬地仍是忙着捉虱子，富翁不由生气："你眼睛瞎了？没看到我给你的是金币吗？"

乞丐仍是不看他一眼，答道："给不给是你的事，不高兴可以要回去。"

富翁大怒，意气用事起来，又丢了 10 个金币在乞丐的碗中，心想他这次一定会趴着向自己道谢。却不料乞丐仍是不理不睬。

富翁几乎要跳了起来："我给你 10 个金币，你看清楚，我是有钱人，好歹你也尊重我一下，道个谢你都不会。"

乞丐懒洋洋地回答："有钱是你的事，尊不尊重你则是我的事，这是强求不来的。"

富翁急了："那么，我将我的财产的一半送给你，能不能请你尊重我呢？"

乞丐翻着一双白眼看他："给我一半财产，那我不是和你一样有钱了吗？为什么要我尊重你。"

富翁更急起来道："好，我将所有的财产都给你，这下你可愿意尊重我了？"

乞丐大笑："你将财产都给我，那你就成了乞丐，而我成了富翁，我凭什么来尊重你。"

故事中的富翁有钱后，亟须别人的肯定与尊重，而乞丐的顽强，则更是清楚地说明了金钱与尊重在许多时候是难以画上等号的。

富翁若能明了这一点，要受人尊重也就不难了。

生活中时时刻刻都需要我们学会尊重。回到家时与父母长辈打声招呼是一种起码的尊重；上课专心听讲、按时完成作业是对老师辛勤劳动的尊重；在食堂就餐后，把椅子、餐具放好是对食堂师傅的尊重；在寝室按时睡觉是对其他同学的尊重；见到杂物捡起来，保持校园环境的干净，是对同学劳动成果的尊重；对职位高者不卑躬屈膝是对自己人格的尊重；对职位卑者不嗤之以鼻是对他人人格的尊重……

总之，尊重需要我们从小事做起，从身边事做起。在日常的生活中我们要学会尊重别人，才能够赢得尊重。

让别人感觉到自己重要

让他人感到自己重要——而且要真诚而为。

——卡耐基

卡耐基说过，与人交往有一个极为重要的法则，这一法则就是时时让别人感到自己重要。如果我们遵从这一法则，大概不会惹来什么麻烦，而且可以得到许多友谊和永恒的快乐。如果我们破坏了这个法则，就难免招致麻烦。著名哲学家约翰·杜威曾说过："人类本质里最深层的驱动力就是希望具有重要性。"哈佛著名心理学家威廉·詹姆士也说过："人类本质中最殷切的需求是：渴望得到他人的肯定。"

所有的话都说明了这样一个道理，渴望他人的尊重这种需求使得人类有别于其他动物，也正是这种需求成为推动人类文明和历史发展的重要动力。

被他人尊重可以唤起一个人心中的价值感和自豪感，可以成为他上进的动力。

第二次世界大战后受经济危机的影响，日本失业人数陡增，工厂效益很不景气。一家濒临倒闭的食品公司为了起死回生，决定裁员1/3。有3种人名列其中：一种是清洁工，一种是司机，一种是无任何技术的仓管人员。3种人加起来有30多名。经理找他们谈话，说明了裁员意图。清洁工说："我们很重要，如果没有我们打扫卫生，没有清洁优美、健康有序的工作环境，你们怎么会全身心投入工作？"司机说："我们很重要，这么多产品没有司机怎能迅速销往市场？"仓管人员说："我们很重要，战争刚刚过去，许多人挣扎在饥饿线上，如果没有我们，这些食品岂不要被流浪街头的乞丐偷光？"经理觉得他们说的话都很有道理，权衡再三决定不裁员，重新制定了管理策略。最后经理令人在厂门口悬挂了一块大匾，上面写着"我很重要"。每天当职工们来上班，第一眼看到的便是"我很重要"这4个字。不管一线职工还是白领阶层，都认为领导很重视他们，因此工作很卖命。这句话调动了全体职工的积极性，几年后公司迅速崛起，成为日本有名的公司之一。

杜弗伦是美国卡耐基成人教育班里的一名讲师，他曾经在一次课堂上提起过自己在初级手工艺班授课时的一位学生布雷德的故事。

布雷德是个安静、害羞、缺乏自信心的男孩，平常在课堂上很少引人注意。一天，我见他正在伏案用功，便走过去与他搭话。他的内心深处似乎有一股见不到的火焰，当我问他喜不喜欢所上的课时，这个年仅14岁的害羞的男孩，脸上的表情起了极大变化。我可以看出他的情绪波动很大，想极力忍住泪水。

"你是说，我表现得不够好吗，杜弗伦先生？"

"啊，不！布雷德，你表现得很好。"

那天，上完课走出教室的时候，布雷德用他那对明亮的蓝眼睛看着我，并且肯定、有力地说："谢谢你，杜弗伦先生！"

布雷德教了我永远难忘的一课——我们内心深处的自尊。为了使自己不致忘记，我在教室前方挂了一个标语："你是重要的。"这样不但每个学生可以看到，也随时提醒我：每一个我所面对的学生，都同等重要。

这是一个未加任何

⊙你是重要的。

渲染的事实：差不多你所遇见的每一个人都在内心渴望别人的尊重。所以，尊重别人一个很重要的原则，就是巧妙地表现出你衷心地认为他们很重要。

尊重他人的人格

> 所有的人毫无例外都是为了美好的将来活着，所以一定要尊重每个人。
>
> ——高尔基

尊重别人，最重要的一点就是要尊重他人的人格。

请记住德国著名诗人席勒说过的话："不会尊重别人的人，别人也不会尊重他。"只要你尊重别人，别人也会尊重你！

每个人都有自己独立的人格。不论是小孩还是成年人，无论是残疾人还是正常人，都有被别人尊重的需要。

米莉·海格德恩是英国韦恩堡市一所小学的学生，因为她曾经患过小儿麻痹症，因此，经常受到同学的歧视和嘲笑。

有一次，当米莉绕过教室对面那个大厅拐角的时候，与迎面走过来的一个五年级男生撞了个正着。

"小心点，小家伙。"那男孩一边闪身躲避这个三年级的小学生，一边冲着她大声吼。当他看清眼前的女孩时，脸上露出了一丝讥笑的神色。然后，他用手抓住自己的右腿，模仿起米莉走路时的样子。

米莉闭上了眼睛，她告诉自己，不要理睬他。

可是直到放学以后，米莉仍然想着那个高个子男孩嘲笑她的样子。他并不是唯一取笑她的人，自从米莉进入三年级，似乎每天都有人嘲笑她，孩子们取笑她说话时的结结巴巴和走路时一瘸一拐的样子。米莉时常感到非常孤独，尽管教室里坐满了同学。

那天晚上，米莉坐在餐桌边吃饭的时候，仍然一言不发。母亲知道米莉肯定又在学校里遇到不如意的事情了，因此，她很高兴自己能有一些令人兴奋的消息告诉米莉。

"电台为迎接圣诞节举行了一个希望竞赛，"母亲宣布道，"写一封信给圣诞老人，也许会得奖。我想现在坐在这张餐桌旁边的某个长着金色鬈发的人应该去参加。"米莉咯咯地笑起来，这个竞赛听起来很有趣，她开始考虑自己最想要的圣诞礼物是什么。当一个好主意在头脑里浮现的时候，米莉的嘴角露出一丝微笑。她拿出铅笔和纸，开始写信：

亲爱的圣诞老人：

我的名字叫米莉，今年 9 岁。我在学校里遇到了一点儿麻烦，您能帮助我吗，圣诞老人？孩子们都嘲笑我走路、跑步和说话的样子，我患了小儿麻痹症。我只想要一个不被嘲笑或者取笑的日子……

当米莉的信到达电台的时候，经理利·托宾把它仔细地阅读了一遍。他认为，让韦恩堡的市民们听听这个特殊的三年级小女孩及她的不同寻常的希望是非常有益的。托宾先生给地方报社打了一个电话。

第二天，米莉的一幅照片和她写给圣诞老人的信登在了地方报纸的头版上。这个故事很快传播开来，全国各地的报纸、电台和电视台都对印第安纳州韦恩堡市的这个故事进行了报道。在那个难忘的圣诞期间，全世界有 2000 多人向米莉寄来了表示友谊和支持的信。

米莉看见了一个真正充满关爱的世界，她的希望也确实实现了。

那一年，韦恩堡市的市长正式向市民宣布 12 月 21 日为米莉·海格德恩日。市长解释说，因为敢于提出这样一个简单的希望，米莉给了全人类一个有益的教训。

每个人都有自己的人格和尊严，都需要他人的尊重，尤其是那些身体上有残疾或者缺陷的人，他们更需要身边的人的尊敬和关怀。青少年要明白尊严对于一个人的重要，要自觉地维护他人的人格和尊严。

　　尊重他人不仅仅是一种态度，也是一种能力和美德，它需要设身处地为他人着想，给他人面子，维护他人的尊严。

哈佛成功榜

亨利·戴维·梭罗（1817 ～ 1862 年），美国作家、哲学家，出生于马萨诸塞州的康科德城，1837 年毕业于哈佛大学。梭罗除了被一些人尊称为第一个环境保护主义者外，还是一位关注人类生存状况的有影响的哲学家，他的著名论文《论公民的不服从权利》影响了托尔斯泰和圣雄甘地。1845年 7 月 4 日梭罗开始了一项为期两年的试验，他移居到优美的瓦尔登湖畔的次生林里，尝试过一种简单的隐居生活。出版于 1854 年的散文集《瓦尔登湖》详细记载了他在瓦尔登湖畔两年零两个月的生活。虽毕业于世界闻名的哈佛大学，但他没有选择经商发财或者从政成为明星，而是平静地选择了瓦尔登湖，选择了心灵的自由和闲适。他搭起木屋，开荒种地，写作看书，过着非常简朴、原始的生活。

　　和同伴格格不入的人，或许只是因为他听到的拍子不一样。何不就让这人随着他听到的乐声走，管他有无节奏，是否离谱呢。

——亨利·戴维·梭罗

乐于合作

——在合作中发展自己

哈佛告诉你

一个人无论多么优秀，如果离开了别人的配合，就无法把自己的事情做好，也无法在未来的社会中立足。我们的社会是由各怀特长的人共同组成的，每个人都有自己的优点，都是不可取代的，只有相互合作，取长补短，才能够共同取得成功。

合作才能共赢

每个人都应当遵守生存法则，把个人命运联系在民族的命运上，将个人生存放在群体的生存里。

——巴金

有个人想知道天堂和地狱究竟有什么区别，于是便向上帝求教。

上帝对他说："好吧，我们先看看什么是地狱。"于是，上帝把他带进一个房间，那里有一群人正围坐在一大锅肉汤前。但是，每个人看起来都面黄肌瘦，一副饥肠辘辘的样子。那人仔细一看，虽然他们都拿着一只可以够到锅里的汤匙，但汤匙的柄却比他们的手臂还要长，根本无法将食物送进嘴里，就这样，他们只能眼睁睁地看着一锅香喷喷的肉汤兴叹，在饥饿带来的死亡面前，他们神情十分悲苦。

"来吧！我们再来看看什么是天堂。"看过地狱之后，上帝对那个人说。

他们又走进另一间房屋，和第一个房间完全相同：一锅汤、一群人、一样的长柄汤匙。但是这里的每个人都显得很快乐，吃得饱，睡得香，一个个满面红光，精神抖擞。

那个人感觉很奇怪，但他仔细一看，就明白了其中的原因：原来他们都将自己汤匙里的汤送到对面人的嘴里，在相互帮助中，每个人都喝到了美味可口的肉汤。

合作才能双赢。能不能伸手去喂别人，能不能互相帮助，就造成了天堂和地狱之间的差别。

有一个果农，培植了一种皮薄、肉厚、汁甜而少虫害的新果子。到收获季节，引来不少果贩纷纷购买，使这位果农发了大财，增加了不少财富。

当地不少人羡慕他的成功，也想借用他的种子来种果子，这位果农认为物以稀为贵，其他人也种这种果子将会影响自己的生意，所以还是自己独享成功的喜悦为好，于是全部都拒绝了，其他人没有办法，只好到别处去买种子。可是到了第二年果熟季节时，这位果农的果子质量大大下降了，果贩们也都摇头不买他的果子了。这位果农伤透了脑筋，只好降价处理。

果农想弄清楚产生这种现象的原因，于是就来到城里找专家咨询。专家告诉他，由于附近都种了旧品种果子，而唯有你的是改良品种，所以，开花时经蜜蜂、蝴蝶和风的传媒，把你的品种和旧品种杂交了，当然你的果子就变质了。"那可怎么办？"果农急切地问。

"那还不好办？只要把你的好品种分给大家共同来种，不就行了。"

果农立即照专家的说法办了。这一年，大家都收到了好果子，个个都喜笑颜开。

这位果农自以为独享财富，岂料独享就那么短暂，而且还带有毁灭性的后果。后来，他把改良的品种分给大家来种，不仅自己获得了财富，也帮助别人获得了财富，取得了双赢。

互惠双赢已经成为现代人生存和发展的一种共识。市场经济发展到今天，人们为了获取利益、效益和价值，在强调竞争的同时，更重视彼此的合作，争取双赢的结果。双赢是什么？双赢代表合作，双方利用有效的资源，避免竞争带来的额外消耗；双赢同时又是竞争，它可以让我们获取多方资源。

世上所有的植物当中，最雄伟的当属美国加州的红杉。红杉的高度大约是 90 米，相当于 30 层楼的高度。科学家深入研究红杉后，发现了许多奇特的事实。一般来说，越高大的植物，它的根基应扎得越深。但红杉的根只是浅浅地埋在地下而已。理论上，根扎得不够深的高大植物，是非常脆弱的，只要一阵大风，就能将它连根拔起，红杉又如何能长得如此高大，且屹立不倒呢？

研究发现，红杉都是成片生长的。一大片红杉的根彼此紧密相连，一株连着一株。自然界中再大的飓风，也无法撼动几千株根部紧密联结、面积超过上千公顷的

⊙只有形成了双赢的思考模式，才能成为别人乐于合作的对象。

红杉林，除非飓风强到足以将整块地皮掀起。

追求成功也是一样，我们只有形成了双赢的思考模式，才能成为别人乐于合作的对象。生命的河流总有曲曲折折，人生的路也不免坎坎坷坷，困难就像一块巨大的拦路石挡在你必经的路途上。独木难成林，一人难为众，单凭自己的力量不能动它分毫。此时，唯有合作，才能产生更大的力量。

信任是合作的基石

期望得到赞许和尊重，它根深蒂固地存在于人的本性中，要是没有这种精神刺激，人类合作完全不可能。

——爱因斯坦

人人都厌恶虚伪和欺骗，向往人与人之间的真诚与信任。信任是人们交往与合作的前提，也是我们社会得以有秩序、和谐运转的前提。如果你仔细观察我们周围的人和事，并且把人们对他人的信任程度与他们在生活中的成功大小相比较，你就会发现那些老实人、涉世不深的人，那些认为别人都像自己一样诚实的人，比疑心重重的人生活得更加美满，更加充实。即使他们偶尔受骗，也同样比那些谁也不信的人幸福。

一位心理学教授曾和自己的学生做过这样一个实验。他让同学们前后站成两排，然后命令后一排的同学做好救助准备，待他喊了"开始"之后，前一排同学就往后一排相对位置的同学身上倒，他说："前面的同学别有顾虑，要尽力往后倒。好，开始！"

前排的同学们只是觉得有些好玩，他们按照心理学教授的指令，身子一点点向后倾斜，但是，大家明显地暗自掌握着身体的平衡，并不敢一下子倒向后排的人。

可是，这里面有个例外——一位男生在听到心理学教授的指令之后，紧紧地闭上了双眼，十分真实地向后面倒去。他的搭档是一位小巧玲珑的女生，当她感到他毫不掺假地倒过来时，先是微微一愣，接着就倾尽全力去抱住他。看得出，她有些力不自胜，但却倔强地抿紧了双唇，似乎誓死也要撑住他……

她成功了。

心理学教授笑着去握他俩的手，告诉大家说："他俩是这次实验中表现最为出色的人。这位男生为大家表演了'信赖'——信赖是什么呢？信赖就是去除心中的猜疑和顾忌，完全地相信别人。这名女生为大家表演的则是'值得信赖'——值得信赖，其实是信赖催开的一朵花，如果信赖的春风吝于吹送，那么，这朵花就有可能遗憾地夭折在花苞之中，永远也休想获取绽放的权利；当然，如果信赖的春风吹得温暖，吹得和畅，那么，被信赖的人就被注入了一种神奇的力量——就像你们看到的那样，一个弱不禁风的女生可以撑住一个虎背熊腰的男生，一只充满了爱意的手可以托举起一个美丽多彩的世界。同学们，值得信赖是幸福的，而信赖他人是高尚的。让我们先试着做高尚的人，然后再去做幸福的人吧。"

只有相信别人，才能与别人更好地合作。相信别人可以驱散我们心头的猜疑和顾忌，学会信赖别人，并且努力让自己变得值得信赖，我们与他人的交往和合作就会变得更顺利。

青年是走向心理成熟的时期，这种心理需求指向尤显迫切。那么，如何提高别人对你的信任度呢？

真实地表现自己

信任，不会在凭空的梦幻中产生，也难在乞求恩赐中获得，首先自己要有被人信得过的地方。就是说别人的信任之光只能从你自己的言行这个"光源"中产生。因此，坦诚、不加掩饰地再现自己本来面目，才是获得信任的基础。注意，与人交往，能把自己"推销"出去，是有胆有识之举。你得适度地暴露自己，让人们一定程度地注意你，这样你就有希望找到释放能量和获得信任的机会。若躲躲闪闪，明枪暗放，故作姿态，忸忸怩怩，给人以捉摸不透的感觉和模模糊糊的印象，那别人是很难确定信任的意向，向你投掷信任的砝码的。所以，如实地表现自己，是取信于人的基石。

注意第一印象

为别人办头一件事，对别人说第一句话，都会在对方心里留下潜印象，成为对你最终评价的参照。有的人，不注重第一次交往的"效应"，往往容易造成误会，事后又不懂如何弥补，就会给人"此人不太牢靠"的印象。而印象一旦固定，要改变它就得多花费好多精力。

慎许承诺

提高信任度，最关键的一点是把握好允诺与兑现的尺度。一旦与人敲定，就一定想方设法尽力去办，实在存在困难，出现了意外，应向对方解释清楚，寻找补救办法，但切忌变换过多，给人敷衍了事的感觉。办事要扎实，不要拍胸夸口或模棱两可，应具有时间观念和信用意识。确实难以成全的，应直接说明适当的理由，给人以讲究实际和礼貌的感觉。生活中最忌讳允诺随随便便，因为轻率的允诺既害苦自己，也使别人大失所望，直接影响别人对你的信任和尊重。兑现诺言，是应该孜孜以求的。

学会欣赏对方

一朵花打扮不出美的春天，众人先进才能够移山填海。

——雷锋

有一天，5 根手指闲着没事做，就为谁最优秀这个话题争吵了起来。

大拇指说："在咱们 5 个当中我是最棒的，你们看，首先，我是最粗最壮的一个，无论赞美谁，夸奖谁，都把我竖起来，所以我是最棒的……"

这时，食指站了出来说："咱们 5 个我是最厉害的，谁要是出现错误，谁有不对的地方，我都会把他指出来……"

中指拍拍胸脯骄傲地说："看你们一个个矮的矮，小的小，哪有一个像样的，其实我才是真正顶天立地的英雄……"

到无名指了，他更是不服气："你们都别说了，人们最信任的就属我了，你们看，当一对情侣喜结良缘的时候，那个代表着真爱的钻戒不都戴在我的身上吗？"

到了小拇指，看他矮矮挫挫的，可最有精神，他说："你们都别说了，看我长的小，当每个人虔心拜佛、祈祷的时候不都把我放在最前面吗？"

我们的社会是由各怀特长的人共同组成的。每个人都有自己的优点，都是不可取代的，只有相互合作，取长补短，才能够共同取得成功。

在一次NBA决赛中，新秀皮蓬独得33分超过乔丹3分，而成为公牛队比赛得分首次超过乔丹的球员。赛后，乔丹与皮蓬紧紧拥抱着，两人泪光闪闪。

当年乔丹在公牛队时，皮蓬是公牛队最有希望超越乔丹的新秀，他时常流露出一种对乔丹不屑一顾的神情，还经常说乔丹某些方面不如自己，自己一定会超越乔丹一类的话。但乔丹没有把皮蓬当作潜在的威胁而排挤，反而对皮蓬处处加以鼓励。

有一次比赛结束后，乔丹问皮蓬："我们的3分球谁投得好？"皮蓬有点心不在焉地回答："你明知故问什么，当然是你。"因为那时乔丹的3分球成功率是28.6%，而皮蓬是26.4%。但乔丹微笑着纠正："不，是你！你投3分球的动作规范、自然，很有天赋，以后一定会投得更好，而我投3分球还有很多弱点。"并且还对皮蓬说："我扣篮多用右手，习惯地要用左手帮一下，而你，左右都行。"这一细节连皮蓬自己都不知道，他深深地被乔丹的无私所感动。

从此以后，皮蓬和乔丹成了最好的朋友，皮蓬也成了公牛队17场比赛得分首次超过乔丹的球员。而乔丹这种无私的品质则为公牛队注入了难以击破的凝聚力，从而使公牛队创造了一个又一个的神话。

对于一个集体而言，一个人的成功不是真正的成功，集体的成功才是最大的成功。因此，我们应当尊重并鼓励身边的人，团结好每一个人，这样大家才能够同心协力。

克雷洛夫说过，一燕不能成春。一个人无论多么优秀，如果离开了别人的配合，也无法把自己的事情做好。如果一个交响乐团的每一个人只是弹自己最擅长的乐曲，那么，整个交响乐团只会产生杂音。任何一个企业，如果每个人都只做自己想做的事情，没有一点配合他人的精神，那么，这个企业就无法达成任何目标。无论自己多么优秀，都不要轻视其他人，要学会欣赏别人的优点，取长补短，与他人互相配合，这样才能把事情做好。

哈佛成功榜

威廉·詹姆斯 （1842～1910 年），美国心理学家和哲学家，美国机能主义心理学和实用主义哲学的先驱，美国心理学会的创始人之一。他是家里的长子，幼年在纽约的私立学校接受启蒙教育，后随家庭漂居欧洲各地，在瑞士、法国、德国、英国接受最好的教育，因此他有着丰富的幼年生活，并掌握了 5 种语言。1861 年进入哈佛大学劳伦斯理学院攻读化学，后又改学比较解剖学和生理学。1864 年，转入哈佛医学院学医。1867 年去德国留学，学习医学、生理学和心理学。因体力不支，不能坚持实验室的工作，但却有较多的时间博览法国、德国和美国的文学名著，还有机会到柏林大学听课。1869 年获哈佛大学医学博士学位。1875 年，建立美国第一个心理学实验室。1904 年当选为美国心理学会主席，1906 年当选为国家科学院院士。

自己有好的构想，而不贡献出来，人生就不会改善。

——威廉·詹姆斯

分享

——懂得分享才能创造共赢

哈佛告诉你

　　分享可以让快乐加倍，忧伤减半。一个人只有懂得分享，才能够从生活中获得更多。一个人只有懂得分享，才能够真正地拥有幸福和快乐。自私和狭隘只能让一个人步入生命的低谷，如果一味地让自私和狭隘封闭自己，而不主动去和别人交往和分享，那么永远也不会品尝到人生快乐的滋味。

开放的花园最美丽

　　一张笑脸可以引发无数张笑脸，但一张哭丧的脸却永远孤独。

——康德

　　米契尔是一个有名的大富翁。他有美丽的洋房和大片的花园。但他也有一个令自己头痛的难题：这么多的财富肯定有好多人在打自己的主意。怎么办呢？于是米契尔让仆人在房子四周筑起高高的围墙。

春天一到，花园里鲜花怒放，阵阵花香飘过围墙，令全镇的人都很神往。几个好奇的孩子想：院子肯定种着奇花异草，听说有一种长着大眼睛的花还会给孩子唱歌呢。于是孩子们打起主意，决心探个究竟。

朦胧的夜晚，孩子们搭起人梯跳到院子里，他们在花丛中寻找着，踏坏了许多鲜花和嫩草。后来，他们被仆人发现，赶出了院子。

米契尔大为恼火，把这事讲给朋友听。

朋友笑着说："为何不把围墙拆了呢？"

米契尔说："那我会丢失好多的财产！"

朋友笑了，说："有围墙又怎样？连一群孩子都拦不住，何况身手不凡的大盗呢！"

米契尔终于听从了朋友的劝告，彻底拆掉了围墙。于是，孩子们首先冲入花园。他们仔细寻找心中的神花，结果，根本没有什么奇花异草。米契尔的朋友把孩子们请到客厅，并让他们美餐了一顿，然后对孩子们说："在花园中种下你们心中的神花吧！"孩子们高兴得跳起来，然后跑到花园里去了。

因为米契尔拆掉了围墙，全镇的人都可以欣赏到花园的美丽。米契尔得到了全镇人的爱戴和尊敬。

一天，一伙大盗闯入米契尔的家，准备将他家洗劫一空，刚闯入花园不远就被守护神花的孩子们发现。小杰克跑到洋房报告情况；小詹森跑去镇上通知大人们。结果大盗们被及时赶到的米契尔和镇上的人们捆绑起来。

庆功宴上，米契尔对所有人说："我要感谢你们，你们使我懂得了一个伟大的道理——这个世界上只有敞开的花园最安全最美丽。"米契尔的话博得了所有人最热烈的掌声。

分享并不意味着失去，独占也不意味着拥有，懂得分享的人生，可以让我们收获更多。

有个年轻人搬进某处公寓二楼后，在阳台上种植了一大排迎春花，如藤蔓的细枝叶逐渐生长，慢慢地垂悬于一、二楼之间。

夏天来临时，迎春花形成了一片美丽的绿色布幔。

年轻人几度想将迎春花枝叶拉起用木架固定，如此可以帮他挡住西晒的太阳，略略降低屋内闷热的暑气，但转念又认为如此做未免太小气，从而作罢。

春天来临时，悬垂的绿色布幔开满了黄色的小花，吸引了许多不知从何而来的美丽蝴蝶，翩翩飞舞的蝴蝶与争妍的小黄花为单调而略显寂寞的公寓带来了活泼生气。

年轻人站在阳台上，眼光追逐着一只美丽的彩蝶，忽然惊奇地发现有几株葡萄藤即将攀上他的阳台。往下看，一个女孩对着他微笑。

楼下人家为了感谢年轻人种植的迎春花妆点出的美丽和挡住夏天的阳光，所以种植了葡萄以为回馈。

如此一来，两家熟稔了起来，就在第二年葡萄结果累累，迎春花又开满黄色小花时，年轻人与楼下美丽的女孩也收获了爱情的甜蜜果实，彼此携手走过红毯。

只有懂得分享才能真正拥有幸福和快乐，如果一味地封闭自己，不主动去与人交往和分享，那么永远也品尝不了人生快乐的滋味。

汤姆是一个工程师，在生活中屡屡受挫，虽然人过中年，但事业还是一无所成。因此他常常无端地发脾气，抱怨别人欺骗了他。终于有一天，他对妻子说："这个城市令我失望，我想离开这里，换个地方。"

无论朋友们如何相劝，都无法改变他的决定。 他最终和妻子来到了另外一个城市，搬进了新居。这是一幢普通的公寓楼。汤姆忙于工作，早出晚归，对周围的邻居未曾在意。

一个周末的晚上，汤姆和妻子正在整理房间，突然，停电了，屋子里一片漆黑。汤姆很后悔来的时候没有把蜡烛带上，只好无奈地坐在地板上抱怨起来。

屋外突然传来轻轻的、略为迟疑的敲门声，打破了黑夜的寂静。

"谁呀？"汤姆在这个城市并没有熟人，也不愿意在周末被人打扰。他很不情愿地起身，费力地摸到门口，极不耐烦地开了门。

门口站着一个小女孩，她怯生生地对汤姆说："先生，我是您的邻居。请问你有蜡烛吗？"

"没有！"汤姆气不打一处来，"嘭"的一声把门关上了。

"真是麻烦！"汤姆对妻子抱怨道，"讨厌的邻居，我们刚刚搬来就来借东西，这么下去怎么得了！"

就在他满腹牢骚的时候，屋外又传来了敲门声。

打开门，门口站着的依然是那个小女孩，只是手里多了两根蜡烛，红彤彤的，就像小女孩涨红的脸，格外显眼。"奶奶说，楼下新来了邻居，可能没有带蜡烛来，要我拿两根给你们。"

汤姆顿时愣住了，他被眼前发生的一幕惊呆了，好不容易才缓过神来。"谢谢你和你奶奶，上帝保佑你们！"

在那一瞬间，汤姆猛然意识到了很多，他明白了自己失败的根源就在于对别人的冷漠与刻薄。

屋子亮了，心也亮了。

分享可以破除人与人之间的自私和冷漠，把自己的胸怀打开，主动地去与人分享和交流，你就能够体会到更多的快乐和温情。

给予是快乐的源泉

> 给，永远比拿愉快。
>
> ——高尔基

给予是快乐的源泉。给别人帮助，为别人带去快乐，一个快乐会变成更多的快乐，别人快乐了，你和他的友谊会更加牢固。这就是为什么要分享快乐的原因以及分享快乐的好处。

有这么一篇童话故事：有个吝啬的财主，从来不肯分给人一点东西。一天，他听说某座山上有着快乐的泉水，他很欣喜地带着一个用水晶做的瓶子去舀这种泉水。他到中途，迷了路，于是就问一位老大爷。老大爷见是吝啬的财主，就不愿意回答。可是财主再三要求，纠缠得他不耐烦。老大爷终于给财主指点了路，并说："你要记住，你打回水之后，一定要同乡亲们分享泉水。"财主答应了。他果然找到了快乐的泉水。在回家的路上，他虽然记得老大爷的话，却不想把水分给乡亲们喝。他回家了，认为自己找到了快乐泉水，但他的瓶子里面倒出来的不是水，而是一张纸条，上面写着："只顾自己快乐的人，永远得不到快乐！"

给予能够为别人带去快乐，也能够为自己带来快乐。一个贫困的地区发生了地震，某个青年得了需要花费很高医药费的疾病……发生这些事情后，有的人并不富裕，但是依然捐出一些钱来支援他们。这又没有人逼他们，他们为什么会这么做呢？原因之一，就是因为他们把别人的困难当作自己的困难，与受难者共同承担困难和痛苦。在这个过程中他们会感受到帮助他人的快乐。

一个男子坐在一堆金子上，伸出双手，向每一个过路人乞讨着什么。

这时，一个神仙走了过来，男子向他伸出双手。

"孩子，你已经拥有了这么多的金子，难道你还要乞求什么吗？"神仙问。

"唉！虽然我拥有如此多的金子，但是我仍然不满足，我要乞求更多的金子，我还要乞求爱情、荣誉、成功。"男子说。

神仙从口袋里掏出他需要的爱情、荣誉和成功，送给了他。

一个月之后，神仙又从这里经过，那男子仍然坐在一堆黄金上，向路人伸着双手。

"孩子，你所求的都已经有了，难道你还不满足吗？"

"唉！虽然我得到了那么多东西，但是我还是不满足，我还需要更多的刺激。"男子说。神仙把他想要的刺激也给了他。

一个月后，神仙又见那男子坐在那堆金子上，向路人伸着双手——尽管有爱情、荣誉、成功、快乐和刺激陪伴着他。

"孩子，你已经拥有了你想要的，难道你还乞求什么吗？"

"唉！尽管我已拥有了比别人多得多的东西，但是我仍然不能感到满足，老人家，请你把'满足'赐给我吧！"男子说。

神仙笑道："你需要满足吗？那么，请你从现在开始学着付出吧。"

神仙一个月后又从此地经过，只见这男子站在路边，他身边的金子已经所剩不多了，他正把它们施舍给路人。他把金子给了衣食无着的穷人，把"爱情"给了真正需要爱的人，把荣誉和成功给失败者，把快乐给了忧愁的人，把刺激送给了麻木冷漠的人。现在，他一无所有了。

看着人们接过他施舍的东西，满含感激而去，男子笑了。

"孩子，现在，你拥有满足了吗？"神仙问。

"拥有了！拥有了！"男子笑着说，"原来，满足藏在付出的怀抱里啊。当我一味乞求时，得到了这个，又想得到那个，永远不知什么叫满足。当我付出时，我为我自己人格的完美而自豪、满足；为我对别人有所帮助而感到由衷的高兴；为人们向我投来的感激的目光而快乐。"

我们应该怀着无私奉献的心来对待生活，对待身边的人。多想想拥有什么，付出哪些，少想想还要得到什么，这样才会觉得上帝是公平的，生活是幸福而快乐的。

迪克曾经是世界上最快乐的叫花子。

"我为什么不快乐呢？我每天都能吃得饱饱的，有时甚至还能讨到一截香肠；我每天还有这座破庙可以挡风遮雨；我不为其他的人做工，我是自己的上帝。我为什么不快乐呢？"迪克这样回答那些羡慕他的人。

然而有一天，迪克却突然好像丢了什么宝贝似的，一下子变得闷闷不乐了。

事情是这样的，一天，迪克在回破庙的路上捡到一袋金币，准确地说是99块金币。

其实捡到金币的那个晚上，迪克是最最快乐的。"我可以不做叫花子了，我有了99块金币！这够我吃一辈子啊！99块，哈！我得再数数。"迪克怕这是一个梦，他不敢睡觉。直到第二天太阳出来时，他才相信这是真的。

第二天，迪克很晚也没有走出破庙，他要把这99块金币藏好，这真的需要费一番工夫。"这钱不能花，我得攒着。我要是拥有100块金币就好了。我要有100块金币。"从来没有什么理想的迪克现在开始有了理想。他还需要一块金币，这对一个叫花子来说，绝对是一个非常远大的理想。

晌午迪克才出去讨饭，不！他开始讨钱，一分一分的。中午他很饿，他只讨了一点儿剩饭。下午，他很早就"收工"了，他得用更多的时间守着他的金币。

"还差97分。"晚上他反复地数着他的金币，他开始忘记了饥饿。

一连几天，迪克都这样地度过。这样过日子的迪克就再也没有吃饱过，同时也再没有快乐过。

"迪克，你为什么不快乐了？"

"咱是叫花子，快乐个啥！"

迪克越来越忧郁，越来越苦闷，也越来越瘦弱。终于有一天，迪克病倒了。这一病迪克就几天也没有起来。病后的迪克整天想着的就是一件事：还差16分就100块金币了。

给予是快乐的源泉。一个整天想着索取而不想着与人分享的人是体会不到真正的快乐的。青少年要学会分享，在给予中体会分享的快乐。

世界上一切美好的东西和一些痛苦的事情，都需要有人来分享。

让我们记住高尔基给儿子的信中的一句话：给，永远比拿愉快！

分享促人成长

倘若你有一个苹果，我也有一个苹果，而我们彼此交换苹果，那么我们仍然各有一个苹果。但是，倘若你有一种思想，我也有一种思想，而我们彼此交流这些思想，那么我们每人将各有两种思想。

——萧伯纳

在 20 世纪 30 年代，英国送奶公司送到订户门口的牛奶，既不用盖子也不封口，因此，麻雀和红襟鸟可以很容易地吃到凝固在奶瓶上层的奶油皮。后来，牛奶公司把奶瓶口用锡箔纸封起来，想防止鸟儿偷食。没想到，20 年后，英国的麻雀都学会了用喙把奶瓶的锡箔纸啄开，继续吃它们喜爱的奶油皮。然而，红襟鸟却一直没学会这种方法。原来麻雀是群居的鸟类，常常一起行动，当某只麻雀发现了啄破锡箔纸的方法后，就可以教会别的麻雀。而红襟鸟则喜欢独居，它们圈地而居，沟通仅止于求偶和对于侵犯者的驱逐。因此，就算有某只红襟鸟发现锡箔纸可以啄破，其他的红襟鸟也无法知晓。

动物是这样，人亦如此。分享可以促进人与人之间的互相交流和学习，可以使我们更快地成长。青少年正值学习知识的黄金时期，在独立钻研的同时，要学会与大家分享新发现、新成果，相互磋商，彼此分享，创造一种积极互助的关系。合作能够产生合力，分享能让人领先一步。因为每一个人的才干、智慧和个性有其独特性，所以在一个合作团体内，如果能够交换、分享、包容不同的特点，就会产生整体大于单一要素的整合作用。

英国戏剧家萧伯纳说过："倘若你有一个苹果，我也有一个苹果，而我们彼此交换苹果，那么我们仍然各有一个苹果。但是，倘若你有一种思想，我也有一种思想，而我们彼此交流这些思想，那么我们每人将各有两种思想。"

把自己的东西主动拿给别人分享，这需要勇气，体现的是仁爱和宽容；而积极地分享别人的思想，则意味着尊重，体现的是民主和合作。

学会分享可以使我们学会关心他人，关心自己；欣赏他人，欣赏自己；有效地团结协作，交际磨合；注意权衡自己在群体中的地位和作用，处理好人际关系；及时地把自己的想法以适当的方式表达出来，走出封闭的自我，积极接纳别人的看法，能够与他人进行心灵的沟通。

许多国际性教育机构调查和研究认为，"学会分享"、"学会交往"、"学会合作"已经是新世纪学习的显著特征。分享情绪的感受、内心的想法，分享学习和生活中的失败与成功的体验，把个人独立思考的成果转化为大家共有的成果。分享中可以以群体智慧来解决个别的问题、以群体智慧来探讨学习上遇到的困难和问题，这样能够培养人与人之间相互协作的精神，促进大家共同的学习和进步。所以说，学会分享是人生一笔永远的财富。

国内著名成功学专家黑幼龙先生认为分享是一个挖掘个人潜力的好方法。知名的"周哈里窗户理论"指出，每个人的内在都像一扇窗，分成4个方块。

第一块是自己看得到、别人也看得到的部分；第二块是自己看得到、别人看不到的部分；第三块是别人看得到、自己却看不到的部分；第四块则是自己和别人都没有发现的部分。

和人分享的时候，第二块和第三块会愈来愈小，第一块则会愈来愈大，因为你会表达自己的想法，别人也会把他所看见的部分告诉你。

生活中那些进步较快的人有一个很重要的特点就是他们很喜欢跟别人分享，对自己有更多的了解，于是在面对困境时，也更容易找到解决办法。长时间下来，跟一个只会埋头苦干的人比起来，差别会愈来愈明显。

许多好点子、好的做事方法、好的观念，都是通过真诚分享才能获得，光靠一个人绞尽脑汁，不是那么容易突破。

一个懂得分享的人，生命就像加利利海的活水一样，丰沛而且充满活力。只有懂得与别人交流和分享，我们才能够在智慧和情感的分享中不断地提升与发展。

哈佛成功榜

约翰·亚当斯 （1797～1801年），美国第2任总统，从小聪慧过人，享有"神童"的美誉。他20岁时就获得了哈佛大学法学院的硕士学位，并成了一名受人尊敬的律师。1772年被选为马萨诸塞州众议员。1774年参加第一次大陆会议。1775年参加第二次大陆会议。1776年参加《独立宣言》五人起草委员会。1777年出使法国。1778年返国参加宪法起草工作。他与华盛顿和杰弗逊一起，被誉为美国独立运动的"三杰"。1797年当选为美国总统，1800年把首都从费城迁到华盛顿，成为首位入主白宫的总统。

我祈祷天堂给予最好的祝福于在这屋檐下诚实和聪明的人们。

——约翰·亚当斯

扫码获取更多资源

崇尚运动

——运动是生命的节奏

 哈佛告诉你

　　运动是生命的节奏，也是促使我们成功的一份必不可少的力量。运动的好处除了能够强身健体以外，同时还能够培养我们不断拼搏进取和挑战自我的勇气。只有一个热爱运动、崇尚体育精神的人才能够不断拼搏进取，为自己的青春留下精彩、富有意义的一笔，让自己的人生而变得更加绚丽。

挑战生命的极限

> 如果不尽力一试，你不会知道自己的极限在哪里。
>
> ——托登布尔

　　挑战极限是一种很重要的体育竞技精神。体育竞技的一个重要目的就是把人的体能推到一个极限。人类运动史上有很多运动项目，比如马拉松、超长马拉松等竞技项目都是为了向人类忍耐力的极限发起挑战。养成一种敢于挑战自我极限的习惯，及具有挑战自我极限的体验对于青少年的成长来说大有裨益。

我们都知道美国电影《阿甘正传》表现的是一个被常人称之为低能的人成功的故事。阿甘

⊙挑战极限是一种很重要的竞技精神。

之所以能够成功，从某种意义上讲，是由于他自己并不知道自己智商和常人不一样。这使我们联想到动物界的故事。有一种动物叫大黄蜂，它的身体肥大笨重，翅膀却十分短小。生物学家根据空气动力学原理，并经过仔细计算，最后断言，大黄蜂是绝对不可能会飞的。但令人不解的是，大黄蜂不仅能飞，而且飞行速度远远超过一般的蜜蜂。这是为什么？因为大黄蜂并不知道自己不会飞。

挑战自我极限，意味着我们要勇于超越，敢于打破自己体能和意志上的局限，就像奥运精神所倡导的那样，努力向"更快、更高、更强的目标迈进"。敢于挑战自我极限是推动人类文明发展的重要动力，而并不是异想天开。无数事实证明，人的潜能是超乎自己的想象的。

20 世纪 80 年代，有一艘叫赫尔瑟的渔船因为没有得到警告，在驶近冰岛时，撞入水下渔网并遭遇大潮而翻了船。当事件发生时，船上有 5 个人，两个在甲板下，当船像龟壳一样翻扣过来时，他们不是被淹没了，就是因寒冷休克窒息而死。另外 3 人一起待在寒冷的黑暗中，他们牢牢地抓住翻转的船的龙骨。他们知道，和船待在一起获救的可能性最大，但仅仅几分钟后，船身沉没了，他们很快

就失去了这种选择。他们当时被困在离岸4.8千米的地方，气温在0℃以下，水温大约5℃。

很多专家都认为他们已经毫无生还的希望，因为在这种情况下，能够存活的时间不会超过20分钟。除此之外，专家还做出这样的预测：如果他们看到远处岸上的灯光并向它游去的话，他们生存的时间有可能还要缩短。计算机模型和实验数据都发现同一个奇怪的事实，就是当淹没在寒冷水域中的人试图通过游动来努力保持温暖时，他们反而会冷得更快——寒冷的水流冲泡他们的衣服所引起的热量流失会大大地超过他们在运动中产生的热量，这是因为水对热的传导能力比空气的传导能力要强25倍以上。

那3个人也许并不了解理论上所指出的危险，在意识到救援不会马上到来后，他们开始向岸边游去，为了求生大家用尽了全身的力气。居然有一个人活了下来，他就是23岁的戈罗·弗雷多。据弗雷多回忆，游了不到10分钟，他就发现寂静的黑暗中只剩下他一个人。但他接着向前游去，尽管腿和胳膊的疼痛使游动变得很困难，他仍一直保持着运动。他一直游了6个多小时，直到天色泛亮，太阳升起，他发现自己靠近了一个海滩。后来，他被涨潮的潮水冲上海滩，上了岸，看到不远的地方有一座农舍，他步履蹒跚地跑到那儿，告诉人家发生了什么。

戈罗·弗雷多的故事告诉我们，人的潜能是无穷的，如果你勇于挑战，你的潜能就会被无限制地激发出来。

数千年来，人们一直认为要在4分钟内跑完1.6千米是件不可能的事。不过，在1954年5月6日，美国运动员班尼斯特打破了这个世界纪录。他是怎么做到的呢？

每天早上起床后，他便大声对自己说："我一定能在4分钟内跑完1.6千米！我一定能实现我的梦想！我一定能成功！"这样大喊100遍，然后他在教练库里顿博士的指导下，进行艰苦的体能训练。终于，他用 3 分 56 秒 6 的成绩打破了 1.6 千米长跑的世界纪录。有趣的是在随后的一年里，竟有 37 人进榜，而再后面的一年里更高达 200 多人。

在现实生活中，当一件事被认为是不可为时，我们就会为不可为找到许多理由，例如：我的智商没有别人高；我吃不了苦；我天生腼腆，不善于和生人打交道……从而使这个不可为显得理所当然，我们也就当然不会采取积极有效的行动，最终的结果肯定是这件事真的成了不可为了。

德国数学家高斯在上中学的时候，有一次，他在数学课上打瞌睡，下课铃响了，他醒了过来，抬头看见黑板上的一道题目，以为是当天的家庭作业。回家后，他埋头演算，一开始怎么都算不出来，但他还是锲而不舍。最后，他终于算出来了，并把答案带到课堂上。老师见了，不禁瞠目结舌，原来那是一道被认为是无解的题。那么高斯为什么能算出那道题目呢？因为高斯不知道那道题目是没有答案的。

只要勇于挑战，你就能够击败许多"不可能"，充分地激发出个人的潜能。青少年处于人生成长的黄金时期，更应当培养自己挑战极限的精神，让自己的青春岁月中多留下一些挑战自我极限的体验。

拼搏是成功的前奏

生活好比是橄榄球的比赛，原则就是：奋力冲向底线。

——富兰克林·罗斯福

拼搏是成功的前奏，一个人无论做什么，要取得成功，都应当养成敢于拼搏的精神。

2006 年 2 月 14 日凌晨 6 点整，在都灵帕拉维拉体育馆上演了令全世界动容的一幕。

在奥运会花样滑冰双人滑进行到尾声时，我国年轻选手张丹和张昊最后一组出场。在中国观众耳熟能详的《龙的传人》那优美激昂的伴奏旋律下，这对世界上技术难度最大的双人滑选手开始了向奥林匹克巅峰的冲击。全世界观众都在企盼他们完成最高难度的抛跳——后内接环四周抛跳。4 年前，我国名将申雪和赵宏博也曾向这一高难动作发起冲击，但遗憾的是在眼看就要成功时，申雪脚下突然滑出，功亏一篑。4 年后，人们都在期待张丹和张昊能在奥运赛场再次向这一顶尖难度发起冲击！

然而，意外在刚开场不久就发生了，由于张昊抛出的高度不够，致使张丹在空中旋转周数不够便跌落冰面，造成膝盖严重受伤。此时张丹脸上露出了极其痛苦的表情，全场观众的心都被揪了起来。随后张昊轻轻地扶起张丹，由于张丹双腿已经无法活动，张昊便单脚滑行，单脚蹬冰，慢慢地把张丹护送到冰场入口。等在入口的中国队教练姚滨着急地询问着伤情，场外的医护人员早已做好救护准备。

正当人们以为张丹要退出比赛时，柔弱的张丹却向教练坚定地摆了摆手，表示还能继续完成比赛。最终在规定倒计时结束前，擦去眼泪的张丹在张昊的陪伴下，重新回到冰场中间，全场观众立即报以长时间的热烈掌声！在随后的表演中，两人顺利地完成了两周半跳接后外点冰 3 周跳、捻转 3 周、后外 3 周抛跳以及后内 3 周等高难动作。他们勇敢的表现不但征服了全场观众，也征服了现场裁判。裁判给出了 125.01 分，这个成绩刷新了自由滑历史最好成绩。最终他们以 189.73 分拼得了一枚宝贵的银牌，这也是中国在奥运会花样滑冰历史上的最好成绩。

赛后的颁奖仪式上，站在亚军领奖台上的张丹和张昊赢得了帕拉维拉体育馆全场观众经久不息的掌声，人们都为这对年轻的中国选手的勇敢表现感到骄傲，花样滑冰赛场上的这首《龙的传人》也将令全世界的炎黄子孙终生铭记。

张丹用她的勇敢和毅力向我们诠释了永不服输的拼搏精神，这是真正的奥林匹克精神，同时也是我们成长路上必不可少的一种精神。

相信看过《西游记》的人都知道，唐僧师徒 4 人为了取得真经，历经九九八十一难，与各路妖魔鬼怪展开殊死搏斗之后，才最终修成正果。《西游记》通过神话形式，表现了丰富的社会内容，同时也揭示出要想获得成功，就得流血流泪，非要一番拼搏不可的道理！

居里夫人曾说："在成功的道路上，成功者流的不是汗水而是鲜血；他们的名字不是用笔而是用生命写成。"难道不是吗？有哪个人的成功不是靠一番努力的拼搏才获得？没有女排队员的刻苦训练，顽强拼搏，又怎会有五连冠的佳绩？没有工程师王进喜栉风沐雨、锲而不舍地投身到油田的开发科研当中，又怎会有一个地质储量达 7.4 亿吨的大油田的发现？这足以证明：一切真善美的东西都是通过拼搏获得的。拼搏是成功的前奏，要成功，就得努力拼搏！

19 岁的华裔女孩吴羽洁一直在创造奇迹：13 岁时连跳 4 级，以全美第一名的成绩考上美国加州大学；16 岁时考上美国伯克莱大学攻读硕士学位，并担任大学政治研究所所长助理；17 岁时又考取哈佛大学法学院攻读博士学位……不仅如此，她还被评为"洛杉矶最高荣誉市民"、"比尔·盖茨优秀学生"，被人们誉为"天才少女"。然而，面对人们的赞誉，吴羽洁却称自己算不上天才，她的成功除了"学习努力＋方法正确"之外，还有母亲的殷殷关爱……

自从吴羽洁的学习成绩达到全优后，母亲便开始通过"动感练习"帮助她超前学习。这种"动感练习"就是在轻松的环境下，不分时间，不讲地点，不拘形式地学习。在母亲的安排下，吴羽洁整整超前了 3 学年。

上八年级时，吴羽洁参加了大学的早期入学计划考试。在 2748 名考生中，她以第一名的成绩顺利地通过了综合考试，连跨 4 个年级直接升入了美国加州大学。13 岁的吴羽洁因此成了一名少年大学生。进入大学后一年，吴羽洁被评为"全美大学最佳新生"。

2004 年，从加州大学毕业后，吴羽洁以优异的成绩考上了美国国立大学之冠的伯克莱大学攻读硕士学位。同时，她还担任该大学的美国政治研究所所长助理。这年，吴羽洁还获得了"全美亚裔最佳新闻记者"、"伯克莱大学优秀女生领袖"、"全美优秀中国学生"称号，并被全球发行量逾130万的著名杂志《现代都市女孩》评为2004年度"现代都市女孩"。

2005年1月，吴羽洁参加了哈佛大学法学院的博士研究生入学考试(LSAT)。在报考人数高于往年3倍的特殊情况下，她的考试成绩竟排在了前1%的优秀行列之中。17岁的吴羽洁被哈佛大学法学院顺利录取了。

拿到哈佛大学法学院的录取通知书，吴羽洁激动得泪光闪动，她不仅为自己的成绩高兴，更为自己的中国血统而自豪！

2005年5月，吴羽洁提前修完所有硕士研究生课程，以优异的成绩从柏克莱大学毕业，并获得了"最高荣誉毕业生"称号。随后，吴羽洁正式进入哈佛大学攻读博士学位。进校之后不久，吴羽洁成为了哈佛大学法学院极少数由校方提供奖学金的优秀学生。

为培养实际工作能力，每一个假期，吴羽洁都要到美国最著名的法律公司，专门为影视界、出版界人士解决法律问题。怀着对祖国的思念，她还一直坚持为中国的英文报刊撰写稿件，帮助中国的学生提高英语水平。

2006年7月22日，忍不住对祖国的思念，吴羽洁不远万里从美国飞回祖国。在上海，她向成千上万的青少年学生做了题为"哈佛之梦与成功之路"的首场演讲。她在讲述完自己成功经历后，激动地对所有在座的青少年学生说："哈佛之梦造就了我！我

☺拼搏过后你的世界将会变得更加绚丽，让人羡慕！

们是中国人，我们每天都在拼搏！"

在这个充满竞争的世界里，懦弱无能的人只会失败，只有那些拼搏者才能成功。每个人出生时都是一样，而拼搏者的人生才会是绚丽多彩的。

像吴羽洁这样的事例还有许许多多，举不胜举。这些人成功和快乐的唯一秘诀就是拼搏。没有谁一生下来就注定要成为作家、音乐家……也没有谁一生下来就注定是个无人能及的天才。但为什么有人就是作家、音乐家呢？原因很简单，还是那两个字——拼搏。

俗话说世上无难事，只怕有心人，这句话不也是拼搏能改写人生的最有说服力的证据吗？有些青少年朋友在成长过程中总是依赖别人，却永远也不信自己，靠自己。不去付出一点点的努力，这样的青年永远也不会有什么骄人的成就。

青少年朋友们，为了灿烂而又精彩的生命学会拼搏吧，相信拼搏过后，你的世界将会变得更加绚丽，让人羡慕！

养成热爱运动的好习惯

运动的好处除了强身健体之外，更是使一个人精神保持清新的最佳途径。

——罗兰

医学上早已发现，身体受损引起的各种生命障碍，皆因人体对外部环境不适应所致。为了保证机体内部与自然界的变化相适应，必须始终处于运动状态中。

早在公元前 300 年，古希腊伟大思想家亚里士多德就提出了"生命在于运动"的名言，深刻寓意了运动对身体健康所起的重要作用。后来，医学和生理学关于"适者生存"的理论，明确地说明：人的健康状况和工作效率，不仅取决于全身各器官、系统的功能和相互协调，而且还取决于整个身体对自然和社会环境的适应能力。怎样才能获得这种"适应能力"呢？经人们长期探索，终于得出这样一个结论：获得对环境的适应能力应是长期锻炼的结果。不同人对环境适应能力的差异，除受制于不同的生活环境外，在相当程度上与体育锻炼息息相关。

美国著名心血管专家肯尼思·库柏博士指出，只要参加运动就一定会受益。对脑力劳动者尤其是如此。据统计，1968年美国有24%的成人开始运动，在此后的15年里，美国心肌梗死亡率下降37%，高血压死亡率下降60%，人平均寿命从70岁增至75岁。可见，运动是"健脑剂"，是健康的"催进剂"。让我们走进运动场，尽情活动自己吧。

有一句古话："工欲善其事，必先利其器。"就是说，聪明的匠人决不会使用已经损坏的工具。天下没有一个理发师用迟钝的剪刀而指望其生意兴隆，也没有一个木匠用迟钝的锯子和斧头而指望其做工精良。

健康是人生的第一财富，是成功的载体，如果没有健康的身体作保证，理想、事业、幸福、成功都将不复存在。运动不仅可以让我们的身体保持健康，而且还是一种很好的调节方式。

有时候学习太紧张，我们往往很少主动去参加运动。长时间的伏案学习后，脑细胞得不到充足的血液和氧气供应，容易出现疲劳，感到头昏脑涨。也有的时候，因为一些事情，我们会感到沮丧、困惑或无聊。

在这些情况下，或许我们能采取的最好办法就是像阿甘那样：停止学习，或者放下不愉快的情绪，去做一些自己比较喜欢的体育运动，如跑步、打球等。运动不仅有利于我们的身体健康，而且还具有解除大脑疲劳、振奋精神、调节心理状态等神奇功效。

没有规定说哪一种运动方式最好。有的人喜欢像阿甘那样跑步，有的人则喜欢骑车，还有的人喜欢滑冰、跳舞或做操。

不管任何运动，只要勤加练习，就能帮助维持自己的健康。当然要注意到，如果运动过度，会造成疲劳，反而有可能会影响健康。若花大量时间运动，没有顾到学习和其他事情，也会适得其反，所以凡事一定要适可而止。

最后，要以平常心去努力锻炼，因为当心里感到平静安稳的时候，身体才会跟着感到舒服。一位世界级运动员曾经说过一句很经典的话："当我的肉体疲倦了，我的精神也随之得到休息。"

从现在开始，选择一两种适合自己的并且能够长期坚持下去的运动项目，甚至把它作为自己的一种爱好，乐此不疲。长期坚持下去，运动就会成为你的一种生活习惯。

拉尔夫·瓦尔多·爱默生（1803～1882年），美国散文作家、思想家、诗人。出身牧师家庭，自幼丧父，由母亲和姑母抚养成人。曾就读于哈佛大学，毕业后曾执教两年，之后进入哈佛神学院。1832年以后，到欧洲各国游历。1837年，他以《美国学者》为题发表了一篇著名的演讲词，宣告美国文学已脱离英国文学而独立，被誉为美国思想文化领域的"独立宣言"。1840年，任超验主义刊物《日晷》的主编，进一步宣扬超验主义思想。后来他把自己的演讲汇编成书，这就是著名的《论文集》。这部著作为他赢得了巨大的声誉，他的思想被称为超验主义的核心，他本人则被冠以"美国的文艺复兴领袖"之美誉。除《论文集》之外，其作品还有《代表人物》、《英国人的特性》、《诗集》、《五日节及其他诗》。

> 人是一种活动的植物，他们像树一样，从空气中得到大部分的营养。如果他们过于守在家里，就憔悴了。
>
> ——拉尔夫·瓦尔多·爱默生